Agile Spiele

kurz & gut

Agile Spiele

kurz & gut

Marc Bleß und Dennis Wagner

O'REILLY®

Marc Bleß und Dennis Wagner

Lektorat: Alexandra Follenius
Korrektorat: Sibylle Feldmann, *www.richtiger-text.de*
Satz: III-satz, *www.drei-satz.de*
Herstellung: Stefanie Weidner
Umschlaggestaltung: Michael Oréal, *www.oreal.de*
Druck und Bindung: Grafisches Centrum Cuno GmbH & Co. KG, 39240 Calbe (Saale)

Bibliografische Information der Deutschen Nationalbibliothek
Die Deutsche Nationalbibliothek verzeichnet diese Publikation in der Deutschen Nationalbibliografie; detaillierte bibliografische Daten sind im Internet über *http://dnb.d-nb.de* abrufbar.

ISBN:
Print 978-3-96009-115-8
PDF 978-3-96010-318-9
ePub 978-3-96010-319-6
mobi 978-3-96010-320-2

1. Auflage 2020

Wieblinger Weg 17
69123 Heidelberg

Dieses Buch erscheint in Kooperation mit O'Reilly Media, Inc. unter dem Imprint »O'REILLY«.
O'REILLY ist ein Markenzeichen und eine eingetragene Marke von O'Reilly Media, Inc. und wird mit Einwilligung des Eigentümers verwendet.

Hinweis:
Der Umwelt zuliebe verzichten wir auf die Einschweißfolie.

Schreiben Sie uns:
Falls Sie Anregungen, Wünsche und Kommentare haben, lassen Sie es uns wissen: kommentar@oreilly.de.

5 4 3 2

Inhalt

KAPITEL 1

Wofür agile Spiele

»Spiele, damit du ernst sein kannst! Das Spiel ist ein Ausruhen, und die Menschen bedürfen, da sie nicht immer tätig sein können, des Ausruhens.«

– Anacharsis, der Skythe (lebte um 550 v. Chr.), zum engsten Kreis um die Sieben Weisen zählend

»Sie wollen kreative Mitarbeiter? Geben Sie ihnen genug Zeit zum Spielen.«

– John Cleese

Als Agile Coaches werden wir immer wieder von vielen neuen Kollegen gefragt, welche Spiele wir für Workshops empfehlen können. Unsere Antwort darauf ist naturgemäß stets individuell. Aber natürlich gibt es eine ganze Reihe »Klassiker«, Spiele und Simulationen, die wir immer wieder aus dem Hut zaubern. In einem Gespräch am Mittagstisch bei einer Konferenz wurde die Idee geboren, bewährte und von uns erprobte Spiele einfach in ein kleines Büchlein zu gießen (vielen Dank an Rolf Dräther!). Das Resultat hältst du gerade in Händen. Wir hoffen, dir und anderen damit einen guten Start für den Einsatz von agilen Spielen in deinen Workshops oder Trainings zu ermöglichen. Das Buch eignet sich aber auch für eine regelmäßige Rückkehr zu der Frage: »Was könnte ich mit dieser Gruppe denn spielen?«

Zielgruppe

Du bist Trainer, Scrum Master, Agile Coach? Du bist Führungskraft und neugierig auf eine neue Art, die Arbeitswelt zu erleben, zu erschaffen und zu gestalten? Du hast eine andere Rolle und darfst –

regelmäßig oder nicht – Workshops, Trainings oder andere Veranstaltungen moderieren? Dann ist dieses Büchlein genau richtig für dich. Wir haben verschiedene Aktivitäten zur Eröffnung und Auflockerung zusammengetragen, aber auch tolle Übungen und Simulationen, um bestimmte Prinzipien oder Praktiken zu vermitteln, die in Agile und Lean eine wichtige Rolle spielen.

Material und Anleitungen

In diesem Buch findest du viele Hinweise auf herunterladbares Material, Anleitungen, Literatur und sonstige Links. Da wir dir ersparen möchten, umständliche und lange URLs abzutippen, bekommst du alles übersichtlich und anklickbar auf unserer Webseite zum Buch:

http://agilecoach.de/agile-spiele-buch/

Verschiedene Arten von Spielen

Die agilen Spiele in diesem Buch unterteilen wir in folgende Kategorien:

Gruppenbildung
: Kleine Aktivitäten bzw. Minispiele, die zur Gruppenbildung in anderen Spielen und auch ganz allgemein in Workshops und Meetings (z. B. in Retrospektiven) genutzt werden können.

Opener
: Spiele, die sich zur Eröffnung eines Workshops oder Trainings anbieten.

Energizer
: Spiele, die das Energieniveau der Teilnehmer wieder nach oben bringen. Gut geeignet nach längeren, ermüdenden Phasen oder nach der Mittagspause.

Vermittlung von Prinzipien
: Spiele, die bestimmte agile Grundlagen veranschaulichen und erlebbar machen.

Simulationen
: Spiele, die agile Praktiken erlebbar machen.

Social Dynamics und Kommunikation
: Spiele, die im sozialen Teamkontext Aspekte wie Vertrauen und Kommunikation abbilden.

Fun
: Spiele, die zum Abschluss eines Trainingstags genutzt werden können oder einfach dem Spaß im Team dienen.

Closing
: Abschlussaktivitäten für das Ende eines Workshops.

Inhalte und Zweck der Spiele

Der eigentliche Kern eines Spiels ergibt sich oft nicht direkt aus seinem Namen. Tabelle 1-1 soll dir der Orientierung dienen, falls du ein Spiel für einen spezifischen Zweck benötigst.

Tabelle 1-1: Spiele für bestimmte Zwecke

Zweck, Inhalt, Kern	Passende Spiele
Batch Size, Batch Size Reduction	Coin Flip Game (Seite 43), Kanban Pizza Game (Seite 81), Papierfliegerfabrik (Seite 99)
Business Value	Business Value Poker (Seite 62), Snowflakes (Seite 107) City Builders – Epic-Priorisierung (Seite 111)
Closing	Brief an mich selbst (Seite 161), Study Buddy (Seite 162)
Crossfunktionale Teams	Marshmallow Challenge (Seite 59), Scrum LEGO® City Game (Seite 69), Kanban Pizza Game (Seite 81), Ball Point Game (Seite 93), Papierfliegerfabrik (Seite 99), Snowflakes (Seite 107)
Elephant in the Room	Exercise without a name – E.W.A.N. McGregor (Seite 138), Fearless Journey (Seite 143)

Tabelle 1-1: Spiele für bestimmte Zwecke (Fortsetzung)

Zweck, Inhalt, Kern	Passende Spiele
Empirische Prozesssteuerung	Marshmallow Challenge (Seite 59), Scrum LEGO® City Game (Seite 69), Kanban Pizza Game (Seite 81), Ball Point Game (Seite 93), Papierfliegerfabrik (Seite 99), Snowflakes (Seite 107)
Energizer	Push versus Pull in einer Minute (Seite 48), Happy Salmon (Seite 119), Inverse Reise nach Jerusalem (Seite 121), Schnick-Schnack-Schnuck (Seite 123), Die Planke (Seite 125), Regenmacher (Seite 126), Schneeballschlacht (Seite 128), Ja, genau! (Seite 131), Australisches Schwebholz (Seite 133)
Gruppenbildung	Sortieren und Durchzählen (Seite 27), Gleiche Objekte (Seite 28), Erfahrungsecken (Seite 29)
Handlung initiieren	Brief an mich selbst (Seite 161), Study Buddy (Seite 162)
Hindernisse überwinden	Exercise without a name – E.W.A.N. McGregor (Seite 138), Fearless Journey (Seite 143)
Ideenfindung	Ja, genau! (Seite 131), Fearless Journey (Seite 143)
Impediments	Exercise without a name – E.W.A.N. McGregor (Seite 138), Fearless Journey (Seite 143)
Iterativ und Inkrementell	Marshmallow Challenge (Seite 59), Scrum LEGO® City Game (Seite 69), Ball Point Game (Seite 93), Papierfliegerfabrik (Seite 99), Snowflakes (Seite 107)
Kanban	Kanban Pizza Game (Seite 81),
Kennenlernen der Teilnehmer	Sortieren und Durchzählen (Seite 27), Erfahrungsecken (Seite 29), Kennenlern-Bingo (Seite 31), Wahres und Positives (Seite 34),

Tabelle 1-1: Spiele für bestimmte Zwecke (Fortsetzung)

Zweck, Inhalt, Kern	Passende Spiele
	Wahres und Positives (Seite 34), Brillante Momente (Seite 36), Soziales Netzwerk (Seite 39), Rhetoric – The Public Speaking Game (Seite 148)
Kommunikation	Chinese Whispers – Stille Post (Seite 150), Spaceteam (App) (Seite 152), Shower of Appreciation (Seite 154), SIN Obelisk (Seite 157), Keep Talking and Nobody Explodes (Seite 175)
Komplexe Systeme	Magisches Dreieck (Seite 65), Australisches Schwebholz (Seite 133)
Lean-Prinzipien	Coin Flip Game (Seite 43), Kanban Pizza Game (Seite 81), Papierfliegerfabrik (Seite 99)
Losgröße, Reduzierung der Losgröße	Coin Flip Game (Seite 43), Kanban Pizza Game (Seite 81), Papierfliegerfabrik (Seite 99)
Multitasking	Push versus Pull in einer Minute (Seite 48), Counting Numbers and Letters (Seite 50), Multitasking Name Game (Seite 52), Papierfliegerfabrik (Seite 99), Spaceteam (App) (Seite 152)
Opener	Erfahrungsecken (Seite 29), Kennenlern-Bingo (Seite 31), Wahres und Positives (Seite 34), Brillante Momente (Seite 36), Soziales Netzwerk (Seite 39), Black Stories (37), Ja, genau! (Seite 131), Australisches Schwebholz (Seite 133)
Positive Stimmung	Wahres und Positives (Seite 34), Happy Salmon (Seite 119), Inverse Reise nach Jerusalem (Seite 121), Schnick-Schnack-Schnuck (Seite 123), Regenmacher (Seite 126), Schneeballschlacht (Seite 128), Ja, genau! (Seite 131), Blind Zählen (Seite 134)

Tabelle 1-1: Spiele für bestimmte Zwecke (Fortsetzung)

Zweck, Inhalt, Kern	Passende Spiele
Präsentieren	Rhetoric – The Public Speaking Game (Seite 148), PowerPoint Karaoke (Seite 171)
Priorisierung	Business Value Poker (Seite 62) City Builders – Epic-Priorisierung (Seite 111)
Product Discovery	Snowflakes (Seite 107)
Product Vision	Scrum LEGO® City Game (Seite 69), Summer Meadows (Seite 97), Snowflakes (Seite 107)
Push-versus-Pull-Prinzip	Boss-Worker-Game (Seite 46), Push versus Pull in einer Minute (Seite 48), Papierfliegerfabrik (Seite 99)
Reflexion	Schneeballschlacht (Seite 128), Exercise without a name – E.W.A.N. McGregor (Seite 138), Fearless Journey (Seite 143)
Requirements	Summer Meadows (Seite 97), Snowflakes (Seite 107)
Scrum	Scrum LEGO® City Game (Seite 69), Ball Point Game (Seite 93)
Selbstorganisation	Boss-Worker-Game (Seite 46), Marshmallow Challenge (Seite 59), Scrum LEGO® City Game (Seite 69), Kanban Pizza Game (Seite 81), Ball Point Game (Seite 93), Snowflakes (Seite 107), Australisches Schwebholz (Seite 133), Blind Zählen (Seite 134), Menschlicher Knoten (Seite 135), Spaceteam (App) (Seite 152), SIN Obelisk (Seite 157), Keep Talking and Nobody Explodes (Seite 175)
Servant Leadership	Boss-Worker-Game (Seite 46)
Spaß	Black Stories (Seite 41), Happy Salmon (Seite 119), Inverse Reise nach Jerusalem (Seite 121), Schnick-Schnack-Schnuck (Seite 123), Schneeballschlacht (Seite 128),

Tabelle 1-1: Spiele für bestimmte Zwecke (Fortsetzung)

Zweck, Inhalt, Kern	Passende Spiele
Spaß	Spaceteam (App) (Seite 152), Werwölfe (Seite 165), PowerPoint Karaoke (Seite 171), Keep Talking and Nobody Explodes (Seite 175), Cards against Agility (Seite 177)
System Thinking and Modeling	Frühstückstoast (Seite 105)
Teambuilding	Kennenlern-Bingo (Seite 31), Soziales Netzwerk (Seite 39), Black Stories (37), Marshmallow Challenge (Seite 59), Business Value Poker (Seite 62), Scrum LEGO® City Game (Seite 69), Kanban Pizza Game (Seite 81), Ball Point Game (Seite 93), Australisches Schwebholz (Seite 133), Blind Zählen (Seite 134), Rhetoric – The Public Speaking Game (Seite 148), Spaceteam (App) (Seite 152), Werwolf (Seite 165), SIN Obelisk (Seite 157), Keep Talking and Nobody Explodes (Seite 175)
Teamwork	Australisches Schwebholz (Seite 133), Blind Zählen (Seite 134), Menschlicher Knoten (Seite 135), Story Telling in Circles (Seite 147), Spaceteam (App) (Seite 152), SIN Obelisk (Seite 157), Keep Talking and Nobody Explodes (Seite 175)
Vertrauensbildend	Brillante Momente (Seite 36), Business Value Poker (Seite 62), Ja, genau! (Seite 131), Australisches Schwebholz (Seite 133), Blind Zählen (Seite 134), Rhetoric – The Public Speaking Game (Seite 148), Shower of Appreciation (Seite 154), Werwölfe (Seite 165)

Tabelle 1-1: Spiele für bestimmte Zwecke (Fortsetzung)

Zweck, Inhalt, Kern	Passende Spiele
Work-in-Progress-Limit	Counting Numbers and Letters (Seite 50), Multitasking Name Game (Seite 52), Kanban Pizza Game (Seite 81), Papierfliegerfabrik (Seite 99)
Workflow Visualization	Kanban Pizza Game (Seite 81), Frühstückstoast (Seite 105)
Zusammenarbeit	Australisches Schwebholz (Seite 133), Blind Zählen (Seite 134), Menschlicher Knoten (Seite 135), Story Telling in Circles (Seite 147), Spaceteam (App) (Seite 152), SIN Obelisk (Seite 157), Keep Talking and Nobody Explodes (Seite 175)

Spiele als Moderationselement

Wir haben den Anspruch, dass die in diesem Buch aufgeführten Spiele zweckgebunden einsetzbar sind und im Kern wesentliche agile Prinzipien oder Praktiken vermitteln. Dann haben sie auch ihre Berechtigung in Workshops und Trainings.

Wenn du als Coach, Trainer oder Ähnliches den Bedarf siehst, rein zum spaßigen Zeitvertreib ausgelegte Spiele zu spielen, empfehlen wir erst einmal den Gang in den lokalen Spielwarenhandel. Dennoch gibt es auch dafür ein paar Schätze in diesem Buch, du findest sie im Bereich *Fun* (siehe Seite 165).

Ralf Kruse nennt einige wesentliche Kriterien, die für ein gutes agiles Spiel notwendig sind [KRUSE]:

- Klare Lernziele (Learning Objectives)
- Einfachheit (Simplicity)
- Verspieltheit (Playfulness)
- Sicher scheiterbar (Safe to Fail)
- Metaphern statt Realität (Metaphors versus Reality)

- Jede Durchführung ist einzigartig (Each session is unique)
- Nachbesprechung ist unerlässlich (Debriefing is essential)

Die meisten der in diesem Buch abgedruckten Spiele entsprechen wohl diesen Kriterien, und Ausnahmen bestätigen bekanntermaßen die Regel. Es ist deine Aufgabe als Moderator, während der Durchführung eines Spiels diese Kriterien im Blick zu behalten. Wird das Spiel gerade durch eine Sondersituation oder eigene Regeln der Teilnehmer irgendwie kompliziert? Dann kehre zurück zu den Basisregeln und stell die Einfachheit wieder her. Fühlt sich ein Mitspieler sichtlich unwohl? Dann finde mit ihm heraus, an was es liegt und wie du für ihn einen »Safe to Fail«-Zustand herstellen kannst. Diskutieren die Teilnehmer permanent während eines Spiels über ihre tatsächliche Situation in ihrem Team oder ihrer Organisation? Dann verdeutliche ihnen die Metaphern des Spiels und versuche, sie aus ihrer Realität herauszuholen.

Nutze gern alle »Abweichungen« von diesen Kriterien sowie alle Eigenartigkeiten während der Durchführung für die Nachbesprechung des Spiels. Du kannst immer fragen: »Aus welchem Grund gab es diese Situation? Was hat es für euch bewirkt? Was habt ihr in dieser Rolle erlebt? Wie geht es euch damit? Was würde das in eurem echten Arbeitsumfeld bedeuten?« Fragen dieser Art helfen den Teilnehmern, einen Transfer in die echte Welt herzustellen und das Maximum an Lernerfahrung aus einem Spiel mitzunehmen.

Genderisierung

Sämtliche in diesem Buch verwendeten geschlechterspezifischen Begriffe möchten wir sinngemäß für alle möglichen Geschlechtsformen verstanden wissen. Vor jedem solchen Begriff befindet sich für uns ein unsichtbares »weibliche, männliche und nicht-binäre«.

Dies gilt insbesondere für Scrum Master, Product Owner, Coach, Führungspersönlichkeit, Manager, Teammitglied, Moderator, Trainer, Leser, Metalmaus, Drache und Pirat.

KAPITEL 2

Erläuterungen zur Moderation

»Ein Spiel ist erst dann ein Spiel, wenn man merkt, dass hier nicht gespielt wird!«

– Arthur Feldmann (1926–2012), österreichisch-jüdischer Schriftsteller

Wann passen Spiele in den Workshop-Ablauf?

Viele der hier beschriebenen Spiele können im Rahmen eines *Training from the Back of the Room*-Ablaufs eingebunden werden. Konzeptionelle Vermittlung kann gut als C2-Aktivität (*Concepts*) gespielt, eine Simulation als C3-Aktivität (*Concrete Practice*) eingesetzt werden. Mehr zum »Training from the Back of the Room« findest du in dem gleichnamigen Buch von Sharon Bowman [BOWMAN].

Die Notwendigkeit von Energizern sollte von dir als Moderator immer erspürt werden. Ist die Gruppe müde? Ist die Energie nach einer längeren, zähen Phase durch Detaildiskussionen oder zu viel Theorie gesunken? Befinden wir uns alle im Suppen-Koma nach dem Mittagessen? Dann ist das der richtige Zeitpunkt für einen kurzen, aktivierenden Energizer. Aber Achtung: Hier solltest du bitte immer auf die Zielgruppe achten. Wilde Spiele mit Anfassen bedürfen des Einverständnisses der Teilnehmenden. Hast du eine Gruppe vor dir, die Spielen generell skeptisch gegenübersteht, ist eine Runde »Happy Salmon« eventuell kontraproduktiv. Überlege hier, ob du z.B. eine Aktivität mit Bewegung ohne konkreten Spielablauf einbauen kannst. Im einfachsten Fall ist das das Umstellen der Tische und Stühle. Aber auch Spiele wie z.B. das *Boss-Worker-Game* (siehe

Seite 46) eignen sich hier. Bewegung gegen das Suppen-Koma und die Vermittlung eines Prinzips in einem. Klingt toll, oder?

Spielauswahl je nach äußerem Rahmen

Nicht alle Spiele und Simulationen sind für alle Gegebenheiten sinnvoll. Für die folgenden Arten von Besprechungen, Zeremonien, Workshops und Trainings solltest du unterschiedliche Kategorien von Spielen in Betracht ziehen.

Kurzes Meeting, Reporting, Daily

Hier hast du in der Regel keine Zeit und praktisch keinen Nutzen von einem Spiel. Manchmal ist ein kurzes Opening sinnvoll. Lass dich von deiner Intuition leiten ;-)

In der täglichen Teamarbeit

Kein Team wird auf Dauer Spaß daran haben, jede Woche eine vertrauensbildende Maßnahme über sich ergehen zu lassen. In der täglichen Arbeit mit »deinem« Team kannst du aber natürlich immer mal wieder einen kurzen Opener einbauen. Anlassloses Spielen ist vielen Teams schnell unangenehm und verfehlt daher deine Intention. Erspürst du gerade eine negative Grundstimmung, kann natürlich eine kurze Ablenkung oder das Hinführen zum Positiven genau der Funke sein, der die anschließende Diskussion für alle wertvoll macht.

Vielleicht stellst du fest, dass dem Team bzw. den Teilnehmern einer Runde grundlegendes Wissen oder das Verständnis dafür fehlt, eine Entscheidung treffen zu können. In diesem Fall vergewissere dich, dass ein Einschub, der spontan die Agenda umwirft, für alle in Ordnung ist. Hier kannst du dann Prinzipien vermitteln oder eine konkrete Praktik simulieren, um der Gruppe in einer festgefahrenen Situation direkt weiterzuhelfen.

Workshops und Trainings

Mit den Spielen in diesem Buch kannst du von halbtägigen Workshops zu einer bestimmten Praktik bis hin zu mehrtägigen Trainings alles abdecken. Die grundlegenden Strukturen von *Opener*, *Gruppenbildung*, *Energizer* und *Closing* lassen sich inhaltlich nach Bedarf mit den Themenbereichen *Prinzipien*, *Praktiken* und *Kommunikation* auffüllen. Wenn du die Teilnehmer auch abends noch greifbar hast, biete ihnen doch einfach mal ein Spiel aus der *Fun*-Kategorie an. Das schweißt zusammen und lockert die Atmosphäre für den nächsten Tag ungemein auf.

Der Game-Facilitation-Koffer

Was solltest du immer dabeihaben? Und was nicht, weil es besser gut geplant gespielt werden sollte? Diese Fragen sind gar nicht so leicht zu beantworten. Es kommt sehr auf deine Rolle an und wie dein typischer Arbeitstag aussieht.

Arbeitest du z.B. als Scrum Master oder Führungspersönlichkeit sehr eng mit einem Team zusammen, steht dir normalerweise (oder auch hoffentlich) ein Teambereich zur Verfügung, in dem alle benötigten Materialien und Spiele für die entsprechende Moderation gelagert sind. Du kannst dir also ad hoc schnell alles greifen, wenn der Bedarf entsteht.

Bist du z.B. als Agile Coach oder Trainer viel unterwegs und triffst täglich auf neue Teams und Organisationen, ist es praktisch unmöglich, auf alle Eventualitäten vorbereitet zu sein. Überleg dir daher vorher, welche Spiele auf dich zukommen, und packe deinen Koffer entsprechend.

Das Gleiche gilt für Besuche agiler Konferenzen und Unkonferenzen. Schau in deinen Fundus und entscheide, was du mitnehmen möchtest, um vielleicht die eine oder andere Session zu einem Spiel durchzuführen, das du selbst noch nicht gut kennst. Auf Agile-Coach-Camps und Veranstaltungen wie der Play4Agile hast du dafür sowohl die passende Gelegenheit als auch das richtige Publikum. Nimm mit, was dich interessiert und was du anderen gern weitergeben möchtest.

Was wir grundsätzlich in einem kleinen agilen Spielekoffer für sinnvoll erachten:

Allgemeines Material

- Haftnotizen (kleine, mittlere, große)
- diverse Marker in verschiedenen Farben
- Malkreide in verschiedenen Farben
- ein Päckchen Taschentücher
- ein Packen DIN-A4-Papier (Druckerpapier)
- Stoppuhr, Timer (wir benutzen gern das Produkt *TimeTimer*, das du unter diesem Namen im Fachhandel findest)
- Lautsprecher für die Musikwiedergabe
- Laptop für Präsentationen über Beamer
- Klebeband
- Paketschnur
- 5 bis 10 Scheren
- Maßband oder Zollstock

Material für bestimmte Spiele

- 30 Kennenlern-Bingobogen
- 2 bis 3 Spiele Happy Salmon
- 50 gleiche Münzen
- eine Packung Marshmallows
- eine Packung Spaghetti
- Spielgeld für *Business Value Poker*
- ein großer Sack LEGO®-Steine
- 10 Kanban-Pizza-Ofen-Ausdrucke
- 10 Kanban-Pizza-Bestellkarten-Ausdrucke
- 20 bis 30 Softbälle
- 5 Summer-Meadows-Ausdrucke, jeweils für Vision und Detailanforderungen

- Spielgeld für Snowflakes
- 5 *Fearless Journey*-Ausdrucke
- *SIN-Obelisk*-Ausdrucke
- *City-Builders-Epics*-Ausdrucke
- ein oder mehrere Sets von *Black Stories*
- *Rhetoric*, das Spiel oder die App
- *Die Werwölfe von Düsterwald* als Spiel, ggf. plus Erweiterungssets
- Schachtel
- 5 Bombenanleitungen-Ausdrucke für *Keep Talking and Nobody Explodes*
- *Cards Against Agility*-Ausdrucke
- alle erwähnten Bücher für den Büchertisch

Du siehst, der Inhalt benötigt bald einen Schiffscontainer, falls du tatsächlich alles mitnehmen wolltest. Lange Rede, kurzer Sinn: Überleg dir, was du häufig im Einsatz hast, und stell dir deinen persönlichen Spielekoffer zusammen.

Eine dringende Empfehlung möchten wir dir noch mitgeben: Spare nie beim Material!

Billige Haftnotizzettel kosten dich Nerven, wenn sie nicht richtig kleben und ständig runterfallen. Das wirkt von peinlich bis unprofessionell – und es stört auf jeden Fall den Fluss deiner Moderation und die des Spiels. Dies ist keine bezahlte Schleichwerbung, sondern unsere Überzeugung: Klebezettel der bekanntesten und verbreitetsten Marke, die den Zusatz »Super Sticky« haben, funktionieren immer.

Genau so ist es mit den Stiften. Leg dir einen Vorrat an guten Markern zu. Wir bevorzugen Neuland und Sharpie, damit schreibt und malt es sich wunderbar. Und das Beste daran: Sie quietschen nicht beim Schreiben.

Vorbereitung

Ein agiles Spiel will immer gewissenhaft vorbereitet sein! Gerade bei länger dauernden Spielen willst du den Teilnehmern ein angenehmes, professionelles Erlebnis bieten. Alle benötigten Materialien liegen bereit, du kennst den Ablauf und hast gegebenenfalls Moderationskärtchen, die dich durch die Moderation führen.

Es wirkt sehr unprofessionell, wenn du mitten in der Moderation fragen musst: »Weiß jemand, wo wir gerade noch schnell fünf Scheren herbekommen?« Oder: »Jetzt bräuchten wir noch einen Tisch, damit wir weitermachen können.«

Kurzum: Du achtest darauf, dass an alles gedacht ist, damit das Spiel ohne Unterbrechungen leicht durchlaufen kann.

Peinlich oder plump – »Ich passe!«

Es kann für manche Teilnehmer sehr unangenehm sein, an einem in ihren Augen peinlichen Spiel mitzuwirken. Gib deinen Teilnehmern immer die Freiheit, sich mit einem einfachen »Ich passe!« in die Rolle des Beobachters zurückzuziehen. Dies befreit sie von einer möglichen Scham und bindet sie dennoch aktiv in den Spielablauf ein. In vielen Fällen kann die neutrale Beobachtung dieser Teilnehmer aber noch einen wertvollen Beitrag im Debriefing des Spiels leisten.

Solltest jemand auch die Beobachterrolle ablehnen, so stellt das gar kein Problem dar. Lass die Leute einfach passen und gehe davon aus, dass sie selbst am besten wissen, ob und wie sie sich am besten einbringen.

Auch solltest du bei allen Spielen mit Körperkontakt oder bei Spielen, bei denen es laut werden könnte, fragen, ob das für alle Teilnehmer in Ordnung ist. Auch hier liegen manchmal die Befindlichkeiten so, dass es besser ist, vorher zu fragen, als hinterher zu weinen.

Auf einen weiteren Punkt, den es zu beachten gilt, hat uns unser Kollege und Freund Jordann Gross hingewiesen. Bitte prüfe wenn möglich vorher, ob einzelne Spielteilnehmer aufgrund körperlicher Einschränkungen dein geplantes Spiel auch mitmachen können oder wollen. Natürlich kannst du mit der Gruppe trotzdem spielen. Es ist jedoch besser, eventuelle Einschränkungen vorher zu prüfen. Schön ist es, wenn es dir gelingt, hier als Moderator durch einen geschickten Kniff die betroffene Person trotzdem einzubinden. Danke noch mal für die Erinnerung, Jordann!

Format der Darstellung eines Spiels

Wir beschreiben die einzelnen Spiele in diesem Buch nach folgendem Schema:

Titel
: Name des Spiels

Typ
: Energizer, Simulation von X, Prinzip Y usw.

Niveau
: Wie viel Erfahrung benötigst du als Moderator? Grundsätzliche Empfehlung dazu: Niemand wurde perfekt geboren! (Philosophischer Einwurf: Oder jeder wurde perfekt geboren und hat ein paar Aspekte davon noch nicht entdeckt.) Probiere Dinge aus, auch wenn du sie noch nie gemacht hast und dich unsicher fühlst. Die Sicherheit kommt durch wiederholte Anwendung. Trau dich und lerne aus deinen Erfahrungen. Das ist sozusagen das Prinzip der empirischen Prozesssteuerung, angewandt auf deine Moderation.

  Zur Vorerfahrung oder zu Anforderungen an die Teilnehmer benötigst du keine Angabe. Alle Spiele in diesem Buch sind ohne Vorerfahrung der Teilnehmer durchführbar.

Teilnehmerzahl
: Beispiele: 4 bis 14, maximal 30, nicht limitiert, gerade Anzahl usw.

Dauer
: Wie lange dauert das Spiel geplant oder erfahrungsgemäß?

Learning Objectives
: Was können die Teilnehmer lernen? Welche Erkenntnisse soll das Spiel erzeugen?

Benötigtes Material
: Welche Utensilien müssen bereitliegen, eventuell inklusive Link zum Kauf, Download usw.

Vorbereitung
: Welche Voraussetzungen müssen geschaffen werden, um das Spiel moderieren zu können?

Ablauf und Moderation
: Wie genau funktioniert das Spiel, welche Schritte werden durchgeführt, wie wird das Spiel moderiert?

Nachbereitung
: Was muss nach dem Spiel aufgeräumt oder durchgeführt werden?

Hinweise
: Auf was ist insbesondere zu achten bezüglich Moderation, Materialien, Teilnehmern usw.?

Stolperfallen
: Welche Dinge können schieflaufen, wie lässt sich das vermeiden?

Debriefing-Tipps
: Welche Kernaussagen in der Nachbereitung unterstützen die Learning Objectives?

Quelle
: Woher stammt das Spiel, wo und wann haben die Autoren es kennengelernt? Welche Literatur und welche Referenzen gibt es?

Alle im Buch enthaltenen Links, Quellen- und Literaturangaben sowie weiteres Material zum Download findest du auf unserer Seite zum Buch unter *www.agilecoach.de/agile-spiele-buch*.

KAPITEL 3

Gruppenbildung

Die Spiele in diesem Kapitel sind keine agilen Spiele im eigentlichen Sinne. Als Moderator musst du die Teilnehmer häufig in Kleingruppen oder in eine gewisse Anzahl von Teilgruppen aufzuteilen. Dafür möchten wir dir in diesem Kapitel eine Reihe von Möglichkeiten aufzeigen. Wir widmen diesen ein eigenes Kapitel, damit du sie übersichtlich an einer Stelle findest.

Sortieren und Durchzählen

Leute, die sich kennen, stehen meist beisammen und bilden oft die gleichen Gruppen. Mit einigen einfachen Tricks kannst du als Moderator dieses Muster durchbrechen. Die Technik dazu folgt dem Muster

1. in einer Reihe aufstellen,
2. durchzählen,
3. Gruppen bilden.

Wie du die Teilnehmer aufstellst, bleibt dir überlassen. Wenn du einfach durchmischen möchtest, kannst du diesen Punkt auch schlicht weglassen. Die Gruppe wird sehr wahrscheinlich quasi nach Bekanntheitsgrad sortiert stehen (bzw. sitzen). Hier einfach durchzuzählen, führt somit automatisch zu einer gesunden Durchmischung.

Wenn dir heterogene Gruppen z.B. bezüglich Erfahrung in einem Thema wichtig sind, lass die Teilnehmer sich einfach nach dieser Erfahrung aufstellen, bevor sie einmal durchzählen. Das führt auch automatisch zu einem Opener, da die Leute miteinander reden müssen, um ihre Erfahrungen untereinander auszutauschen und sich daraufhin in die richtige Reihenfolge zu stellen.

Wenn dir so gar nichts einfällt, du aber eine neue Durchmischung anstrebst, nimm doch etwas ganz Einfaches, wie die Dauer der Firmenzugehörigkeit oder gar die Schuhgröße. Deiner Fantasie sind hier praktisch keine Grenzen gesetzt. Und der erste Lacher ist dir sicher, wenn du anschließend locker bemerkst: »Und jetzt der schwere Teil: Wer weiß noch seine Nummer vom Durchzählen?«

Gleiche Objekte

Diese Methode eignet sich besonders dann, wenn du von vornherein die Anzahl der Gruppen kennst, die du für den weiteren Verlauf benötigst.

Es gibt vielfältige Möglichkeiten, welche Art von Objekten du an die Teilnehmer verteilst. Hier einige Ideen:

- Mini-Schokoriegel in verschiedenen Varianten: den mit Karamell auf Keks, den mit Kokosflocken, den mit Erdnüssen, den sogar in Milch schwimmenden und einige mehr. Kleine Stolperfalle: Teilnehmer mit Unverträglichkeiten könnten als letzten Riegel genau den erwischen, den sie nicht essen dürfen. Auch aus gesundheitlichen Gründen ist die Schokoriegelvariante nicht die beste Idee. Wenn du das teilnehmende Team gut kennst, kann es jedoch genau die richtige sein. Für die Gesundheitsfanatiker ist es natürlich völlig okay, Obstsorten statt Schokoriegel zu verteilen.
- Spielkarten: Hier hast du sogar verschiedene Abwandlungen. Entweder lassen sich die gleichen Kartenwerte (Sechsen, Damen, Asse usw.) gruppieren oder die Farben (Pik, Karo, Herz, Kreuz).
- Spielgeld: Gleiche Beträge finden sich zu Gruppen.
- Farbige Bälle oder Karten: Gleiche Farben werden zu Gruppen.
- Sprichwörter auf Zetteln, die du auseinandergeschnitten verteilst: Die Teilnehmer finden sich so, dass ihre Gruppe ein vollständiges Sprichwort formt. Beispiel: »Es ist noch …«, »… kein Meister …«, »… vom Himmel gefallen«.

- Familien: Auf verschiedenen Zetteln stehen sowohl der Familienteil (Oma, Vater, Tante, Schwester, Enkel usw.) und der Familienname (Müller, Maier, Schmidt usw.). Die Familien finden sich als Gruppe wieder.
- Puzzle: Zerschneide ausgedruckte Bilder oder Postkarten in entsprechend viele Teile. Die Gruppen sind komplett, wenn sie ein vollständiges Bild zusammensetzen können.
- Thematische Aussagen: Ähnlich wie bei den Sprichwörtern nimmst du hier Aussagen, die zum Workshop- oder Trainingsthema gehören. Achte dabei darauf, dass die Teilnehmer zumindest ein generelles Verständnis davon haben, um was es sich dabei handelt. Bei Bedarf kannst du die Aussagen auch mit den Teilnehmern nachbesprechen und hast somit bereits eine kleine Trainingseinheit mit eingebaut.

Bereite die Objekte oder Zettel so vor, dass sie der Teilnehmeranzahl entsprechen und sie leicht aus einem Korb, einer Schüssel oder einer Schachtel gezogen werden können.

Jeder Teilnehmer zieht bzw. nimmt sich nun eines dieser Objekte oder einen der Zettel. Im Anschluss finden sich die Gruppen auf Basis der gleichen bzw. zugehörigen Objekte.

Erfahrungsecken

Eine weitere schöne Methode zur Gruppenbildung ist das Aufstellen der Teilnehmer nach ihrer thematischen Erfahrung.

Für eine agile Simulation mit mehreren Teams möchtest du vielleicht eine homogene Verteilung der Teilnehmer in den einzelnen Teams erreichen. Eine geeignete Frage dafür lautet: »Wie viel Erfahrung habt ihr bereits im Thema X?«

Such dir vier passende Ecken im Raum aus und lass die Teilnehmer sich auf diese Ecken verteilen:

- »Wenn das Thema für dich ganz neu ist und du gerade mal weißt, wie man es buchstabiert, dann stell dich bitte dort drüben in die Ecke zum Flipchart.«

- »Wenn du das Thema schon mal in Aktion gesehen hast oder ein Team beobachten konntest, das so arbeitet, dann stell dich bitte in die Ecke neben der Tür.«
- »Wenn du mit dem Thema selbst schon erste Erfahrungen gemacht hast und dich ganz gut auskennst, dann stell dich bitte hinten ans Fenster.«
- »Und diejenigen unter euch, die sehr erfahren sind und dieses Training selbst halten könnten, stellen sich bitte dort zum Moderationskoffer.«

Lass die Teilnehmer dann heterogene Gruppen bilden, sodass möglichst aus jeder Erfahrungsecke Leute enthalten sind.

KAPITEL 4

Opener

»Beim Spiel kann man einen Menschen in einer Stunde besser kennenlernen als im Gespräch in einem Jahr.«

– Platon (427–348 oder 347 v. Chr.)

Zum Start einer Besprechung oder zur Eröffnung eines Workshops oder Trainings ist es hilfreich, mit einer einladenden Aktivität zu beginnen. Die folgenden Spiele können dafür eingesetzt werden, damit sich die Teilnehmer untereinander kennenlernen, und sie bieten sich an, um eine positive Grundstimmung in die Veranstaltung zu bringen.

Kennenlern-Bingo

Typ: Teambuilding, Kennenlernen

Niveau: keine Vorerfahrung nötig

Teilnehmerzahl: ab 10 Personen sinnvoll, nach oben gibt's praktisch keine Grenze

Dauer: 15 Minuten

Learning Objectives

Nach dem Spiel hat jeder (aktive) Spieler mit mindestens fünf anderen Personen ein kurzes Gespräch geführt und etwas über diese Menschen erfahren. Je aktiver die Mitwirkenden, desto mehr Austausch.

Benötigtes Material

Das Spiel kann zwar ohne Vorbereitung gespielt werden, indem du als Moderator die zu stellenden Fragen auf ein Flipchart schreibst. Wir finden jedoch, dass das Spiel mit vorbereiteten Bingobogen besser ankommt. Diese Bogen sind leicht selbst herzustellen.

Wir haben ein Spreadsheet für dich vorbereitet, mit dem du dir ganz einfach selbst solche Bogen mit eigenen Themen machen kannst. Du findest den Download auf der Webseite zum Buch: *www.agilecoach.de/agile-spiele-buch*.

Vorbereitung

Du teilst eventuell vorhandene Bogen aus. Solltest du das Spiel unvorbereitet durchführen, schreibe eine Liste von Fragen auf ein Flipchart, während du das Spiel anmoderierst.

Ablauf und Moderation

Als Moderator erklärst du, dass es in diesem Spiel darum geht, etwas über die anderen Teilnehmer zu erfahren. Dies können beispielsweise Gemeinsamkeiten mit bisher fremden Personen sein, aber auch Dinge, die die Teilnehmer von bereits bekannten Kollegen noch nicht wussten.

Haben alle Mitspieler einen Bogen bzw. etwas zu schreiben und die zu stellenden Fragen, startest du eine Timebox. Wir empfehlen hierfür zehn Minuten. In dieser Zeit soll jeder Teilnehmer möglichst viele der Felder des (eventuell selbst gemalten) Bogens ausfüllen. Dafür soll jeder in der Gruppe andere Personen finden, die die Anforderungen des jeweiligen Felds erfüllen, indem er oder sie durch den Raum geht und einzelne Mitspieler befragt, also z.B.: »Hat schon mal als PO gearbeitet« oder »Hat WiP-Limits auf dem Teamboard«.

Bitte als Moderator darauf achten, dass die Teilnehmer hier nicht per Zuruf agieren. Das Ziel ist, andere Menschen anzusprechen und zu fragen.

Nachbereitung

Die Ergebnisse des Bingos können zum Beispiel für eine Gruppeneinteilung verwendet werden. Lass einfach die Teilnehmer eine lange Reihe bilden, sortiert nach der Anzahl der von ihnen gefüllten Bingofelder. Danach lässt du sie nach der Anzahl der Gruppen abzählen – und Bingo: Dann hast du gemischte Gruppen (siehe den Abschnitt zur Gruppenbildung auf Seite 27).

Hinweise

Für dieses Spiel ist Vorbereitung wichtig. Du kannst es auch ad hoc spielen, allerdings ist der Effekt wesentlich besser, wenn du die Fragen auf die Gruppe oder das Thema des Anlasses abstimmst. Natürlich kannst du hier auch neutrale Fragen mit einflechten. Aber je mehr sich die Teilnehmer inhaltlich »abgeholt fühlen«, desto größer wird ihr Engagement sein.

Stolperfallen

Sollten sehr scheue Personen in der Gruppe sein, musst du damit rechnen, dass diese am Spiel wenig bis gar nicht teilnehmen. Achte darauf und pass eventuell deine anschließende Nutzungsstrategie darauf an. Du willst diese Teilnehmer ja nicht bloßstellen.

Eine weitere Stolperfalle besteht in der Tendenz der Teilnehmer, das Spiel möglichst schnell »gewinnen« zu wollen, um als Erster »Bingo!« rufen zu können. Das führt dazu, dass sich die Leute nur sehr oberflächlich begegnen, schnell einen Haken im entsprechenden Kästchen machen und gleich weiterlaufen. Du kannst das etwas umgehen, indem du folgende Zusatzaufgabe gibst: »Bitte findet während des Spiels ein paar Details in den jeweiligen Kästchen über die anderen Teilnehmer heraus. Am Ende wird jeder einen anderen Teilnehmer kurz vorstellen.« Gib gern ein paar Beispielfragen mit, etwa: »Was hat dich daran begeistert? Was war dabei ein großes Hindernis? Was würdest du anders machen?«

Quelle

Die ursprüngliche Idee hatte Dennis einer Zusammenstellung von Oliver Klee auf *http://www.spielereader.org/* entnommen [KLEE].

Wahres und Positives

Typ: Opener, positive Stimmung, Kennenlernen der Teilnehmer

Niveau: keine Vorerfahrung nötig

Teilnehmerzahl: beliebig

Dauer: pro Teilnehmer ca. 30 Sekunden bis 1 Minute

Benötigtes Material

Keines, nur Teilnehmer werden benötigt.

Vorbereitung

Die Teilnehmer stehen oder sitzen im Kreis. Falls möglich, kann die Übung gern im Freien stattfinden.

Bei Gruppen mit mehr als 16 Teilnehmern solltest du vier Gruppen bilden, die die Übung jeweils allein durchführen. Ansonsten benötigst du sehr viel Zeit mit diesem Opener.

Bei richtig vielen Personen, wie z.B. bei einer Konferenz, kannst du die Übung sehr gut durchführen lassen, wenn sich die Leute jeweils paarweise zusammentun, etwa mit dem jeweiligen Nachbarn, oder in Minigruppen bis zu vier Personen.

Ablauf und Moderation

Anmoderation: »Wir wollen mit etwas Wahrem und Positivem beginnen. Dazu stell ich meinem linken Nachbarn gleich eine Frage. Nach der Beantwortung der Frage wird die Frage bitte an den nächsten Nachbarn weitergegeben, bis sie reihum wieder bei mir selbst angekommen ist.«

Nehmen wir an, meine linke Nachbarin hieße Stefanie, dann lautet die Frage: »Stefanie, was ist dir in letzter Zeit gut gelungen?«

Die Frage geht nun im Kreis herum und wird am Ende von mir selbst beantwortet.

Stolperfallen

Frage nicht nach Superlativen!

Beispiele: »Was ist das Schönste/Beste, das dir in den letzten Wochen passiert ist?«, »Was ist dein größter Erfolg?«

Wenn wir nach Superlativen fragen, fällt uns oft keine richtige Antwort ein, da unser Gehirn damit beschäftigt ist, genau dieses eine Maximum zu finden. Wenn wir die Frage relativieren und einfach nach etwas Gutem, Schönem, Glücklichem usw. suchen, finden wir sehr viel schneller eine passende Antwort.

Debriefing-Tipps

Führst du diese Übung zum ersten Mal mit einem Team durch, kannst du die Frage stellen, welchen Effekt sie auf die Teilnehmer gehabt hat.

Studien haben ergeben, dass wir uns in einen viel kreativeren und offeneren Zustand versetzen, wenn wir am Anfang jedes Meetings nach etwas Wahrem und Positivem suchen. Vertiefende Informationen dazu finden sich im Buch [KLINE].

Quelle

Von Marc im Training »Führen und Coachen agiler Teams« durch Veronika Kotrba und Ralph Miarka kennengelernt (siehe auch [KOTRBA, MIARKA]). Die ursprüngliche Idee stammt aus dem Buch »Time to Think« von Nancy Kline [KLINE].

Brillante Momente

Typ: Opener zur Vertrauensbildung und zum Kennenlernen

Niveau: relativ leicht auch mit großen Gruppen zu moderieren

Teilnehmerzahl: beliebig viele Teilnehmerpaare

Dauer: 15 bis 20 Minuten

Benötigtes Material

Flipchart zur Visualisierung des Ablaufs, Stoppuhr oder Timer.

Vorbereitung

Erstelle auf dem Flipchart die Zeichnung aus Abbildung 4-1 und platziere sie sichtbar für alle Teilnehmer im Raum.

Ablauf und Moderation

Bitte die Teilnehmer, für diese Übung Paare zu bilden. Jedes Paar entscheidet zu Beginn, wer der Mensch und wer die Giraffe ist. In dieser Übung ist der Mensch der Sprecher, und die Giraffe ist der Zuhörer. Die Giraffe soll aufmerksam und wohlwollend zuhören. Das Bild auf dem Flipchart zeigt als Zuhörer eine Giraffe, wie von Marshall B. Rosenberg als Symbol für das Zuhören mit dem Herzen in der gewaltfreien Kommunikation verwendet. Die Giraffe ist im ganzen Tierkreis das Tier mit dem organisch größten Herzen [ROSENBERG].

Die Anmoderation formulierst du am besten wie folgt:

»Der Mensch erzählt der Giraffe drei Minuten lang von einem brillanten Moment in seinem Leben. Nutzt die drei Minuten dabei bitte voll aus und erzählt den Moment so bunt und detailliert wie möglich. Die Giraffe hört in dieser Zeit aufmerksam und ohne Zwischenbemerkungen zu.

Abbildung 4-1: Der Mensch, der von seinem brillanten Moment erzählt, und die Giraffe, die mit ihrem großen Herz zuhört und das Gehörte widerspiegelt. (Bild: Veronika Kotrba, Ralph Miarka)

Nach Ablauf der drei Minuten gebe ich euch ein Signal. Die Giraffe bedankt sich dann für das Teilen des brillanten Moments und hat anschließend drei Minuten lang Zeit, zurückzumelden, welche Stärken, Fähigkeiten, Fertigkeiten, Werte, Potenziale und Ressourcen der Mensch offensichtlich haben muss, damit es zu diesem brillanten Moment kommen konnte.

Alle Menschen heben nun bitte einen Arm in die Höhe und überlegen sich einen brillanten Moment, von dem sie berichten können und möchten. Sobald der Moment gefunden ist, nehmt den Arm bitte wieder runter.«

Wenn alle Arme wieder unten sind, startest du die Übung: »Los geht's!« Nach Ablauf der drei Minuten stoppst du die Gesprächsrunde und bittest alle Giraffen, sich für das Teilen des brillanten Moments zu bedanken. Starte nun die Rückmeldungsrunde mit den Worten:

»Nun hat die Giraffe drei Minuten Zeit, zurückzumelden, welche Stärken, Fähigkeiten, Fertigkeiten, Werte, Potenziale und Ressourcen der Mensch offensichtlich haben muss, damit dieser brillante Moment möglich war. Nutze dazu die drei Minuten bitte vollständig aus. Wenn dir nichts mehr einfällt, stell dir vor, ich stehe hinter dir und frage ›Und was noch?‹. Dann fällt dir bestimmt noch etwas ein. Der Mensch hört in diesen drei Minuten bitte nur zu. Bereit? Los!«

Wieder stoppst du die drei Minuten mit. Nach Ablauf beendest du die erste Übungsrunde und bittest alle Menschen, per Handzeichen zu zeigen, wie gut das, was sie gerade über sich selbst gehört haben, tatsächlich zu ihnen passt. Dies kannst du mit einer Skalierungsfrage erreichen:

»Auf einer Skala vom Oberschenkel – gar nicht zutreffend«, hier legst du deine Hand auf deinen Oberschenkel, »bis über den Kopf – sehr zutreffend«, dabei hebst du deine Hand über deinen Kopf: »Wie gut passt das, was du gerade über dich selbst gehört hast, tatsächlich zu dir?«

Lass bei Bedarf gern ein paar Wortmeldungen zu, jedoch nicht zu lange. Starte die Rückrunde mit vertauschten Rollen:

»Wechselt nun bitte eure Rollen. Der Mensch wird zur Giraffe, und die Giraffe wird zum Menschen. Liebe Menschen, hebt bitte einen Arm nach oben und überlegt kurz, von welchem brillanten Moment ihr gleich berichten könnt und möchtet.«

Der weitere Verlauf ist wie in der Hinrunde beschrieben.

Debriefing-Tipps

Für eine reine Kennenlernrunde als Opener benötigst du nicht unbedingt ein Debriefing. Sollte der Bedarf in der Gruppe aufkommen, kannst du folgendermaßen vorgehen:

»Wie ist es euch während dieser Übung ergangen?«

Die Skalenfrage nach den einzelnen Runden zeigt im Regelfall eine sehr hohe Übereinstimmung der Äußerungen mit der eigenen Wahrnehmung.

»Wie oft geschieht es in eurem Alltag, dass ihr so schnell Vertrauen und Verständnis aufbauen könnt?«

»Diese Übung könnt ihr gern in euren Arbeitsalltag mitnehmen. Das nächste Mal, wenn jemand zu euch kommt und euch etwas erzählen möchte, dann nehmt euch die Zeit und hört als Giraffe einfach nur genau zu. Gebt eure Wahrnehmung wertschätzend zurück. Das Ganze funktioniert übrigens genauso gut, wenn euch jemand von einem ärgerlichen Moment berichtet.«

Quelle

Von Marc bei Veronika Kotrba und Ralph Miarka in diversen Workshops auf Konferenzen kennengelernt [KOTRBA, MIARKA].

Die Übung geht auf Mark McKergow zurück [MCKERGOW].

Soziales Netzwerk

Typ: Opener

Niveau: leicht

Teilnehmerzahl: beliebig

Dauer: 30 Minuten

Learning Objectives

Teilnehmer bzw. Teammitglieder lernen sich kennen durch das gemeinsame Erstellen einer Karte ihrer Beziehungen und Verbindungen.

Benötigtes Material

- große, bemalbare Wand (Pinnwand o. Ä.)
- DIN-A4-Papier und Stifte für jeden Teilnehmer

Ablauf und Moderation

Anmoderation: »Wir wollen heute unser eigenes soziales Netzwerk als Team visualisieren. Dafür bekommt jeder von euch ein Blatt Papier und Farbstifte. Ich gebe euch jetzt etwas Zeit, um euren Avatar auf euer Blatt zu malen. Zeichnet und malt, wie ihr gern dargestellt sein wollt. Schreibt dann noch euren Namen auf den unteren Teil des Blatts.«

Lass die Teilnehmer nun malen. Manche werden der Meinung sein, nicht malen zu können. Nimm ihnen diese Furcht: »Ein Strichmännchen reicht. Es geht nicht um hohe Kunst, sondern darum, dass du etwas aufmalst, das dich gut repräsentiert. Versuch es einfach. Und orientiere dich nicht an den anderen.«

Nachdem alle einen Avatar gemalt und ihren Namen geschrieben haben, forderst du die Teilnehmer auf, ihr Profil noch etwas zu verfeinern: »Schreibt nun bitte noch ein paar Stichwörter zu euch auf. Das können persönliche Eigenschaften, Hobbys, Interessen und sonstige Begriffe sein, die etwas mit euch zu tun haben.«

Im nächsten Schritt wird das eigentliche Netzwerk gebaut. Alle Teilnehmer sollen nun ihre Profile mit einem gewissen Abstand zueinander an die Wand heften.

»Zeichnet nun bitte Verbindungen zwischen euch und anderen Teilnehmern ein. Diese könnt ihr gern beschriften, z. B. mit ›befreundet‹, ›Sportverein‹, ›Arbeitskollege‹, ›Schulfreund‹ usw.«

Die Teilnehmer werden nun eifrig Verbindungen untereinander suchen. Manchmal kommt es zu der einen oder anderen Überraschung bislang unbekannter Beziehungen.

Wenn die Dynamik nachlässt und diese erste Version des sozialen Netzwerks steht, kann die Übung abgeschlossen werden.

Quelle

Die Übung wurde von Marc erstmals 2009 mit einem großen Team durchgeführt. Die ursprüngliche Quelle ist nicht mehr bekannt. Das Spiel findet sich im Buch »Gamestorming« [GRAY] unter dem Namen »Low-Tech Social Network«.

Black Stories

Typ: Opener mit makabrer Note

Niveau: leicht

Teilnehmerzahl: beliebig

Dauer: wenige Minuten

Learning Objectives

Es gibt bei diesem Opener nicht wirklich etwas zu lernen. Mit ein wenig Fantasie kannst du unterstellen, dass es einen teambildenden Effekt haben kann, wenn es häufiger gespielt wird.

Benötigtes Material

Eine beliebige Ausgabe der »Black Stories« von Holger Bösch und Bernhard Skopnik [BÖSCH-SKOPNIK]. Mittlerweile gibt es mehrere Dutzend Editionen mit jeweils 50 schwarzen Rätseln, die es zu lösen gilt.

Ablauf und Moderation

Zieh eine beliebige Karte deiner Black Stories und lies sie den Spielern vor. Zeige ihnen das Bild auf der Vorderseite. Mach dich selbst mit der Lösung des Rätsels auf der Rückseite vertraut.

Die Spieler dürfen dir nun Ja/Nein-Fragen stellen, die du entsprechend beantwortest.

Ziel des Spiels ist es, die makabre Lösung des Rätsels zu finden.

Je nach Bedarf kannst du eine bis mehrere Runden spielen.

Hinweise

Dieses Spiel ist besonders dann geeignet, wenn du am Anfang einer Besprechung mit einigen Teilnehmern auf die restlichen Teilnehmer wartest. Anstatt die Zeit sinnlos totzuschlagen, bietet es sich an, ein paar Runden Black Stories zu spielen.

Stolperfallen

Beachte bitte, dass diese Variante eines Openers in keiner Weise einen lösungsfokussierten und gar positiven Ansatz darstellt. Es kann durchaus ein negatives Framing für den weiteren Verlauf deiner Besprechung entstehen. Nutze den Einsatz dieses Openers also weise und mit Bedacht!

In einem Umfeld, das gerade sehr negativ geprägt ist, kann eine Black Story durchaus als paradoxer Kontrapunkt genutzt werden. Mit einem etwas verschmitzten Schmunzeln kannst du dem Team damit vielleicht sogar aufzeigen, dass es noch viel schlimmere Situationen geben kann als diejenige, in der es sich selbst gerade befindet.

In Teams, die sowieso mit einem ausgeprägten Entwickler-Sarkasmus unterwegs sind und sich grundsätzlich gern politisch inkorrekt verhalten, kann der Einsatz von Black Stories genau das Richtige sein.

Quelle

Von Marc bei Stephy Gasche in einem gemeinsamen Workshop kennengelernt.

KAPITEL 5

Vermittlung von Prinzipien

»Orientierung in der Welt ist am besten mit den Mitteln des Spiels zu finden.«

*– Elmar Schenkel (*1953), Anglist, Autor, Übersetzer, Maler*

Um agile Arbeitsweisen zu verstehen und nachvollziehen zu können, aus welchem Grund sie gelebt werden sollen, ist es notwendig, sich mit den agilen Grundlagen und Prinzipien zu beschäftigen. Die Spiele in dieser Kategorie veranschaulichen verschiedene Prinzipien und machen sie für die Teilnehmer erlebbar.

Coin Flip Game

Typ: Prinzip der Losgröße (Batch Size) und der Notwendigkeit ihrer Reduzierung (Batch Size Reduction)

Niveau: da hier ein Prinzip vermittelt wird, solltest du in der zugrunde liegenden Fachlichkeit sattelfest sein

Teilnehmerzahl: beliebig viele Gruppen, 5 bis 11 Spieler

Dauer: 30 Minuten (5 Minuten Vorbereitung und Erklärung, 15 Minuten Spielzeit, 10 Minuten Nachbesprechung)

Learning Objectives

Die zu gewinnende Erkenntnis für die Teilnehmer ist: Kleinere Päckchen von zu leistender Arbeit zu schnüren, beschleunigt den Gesamtdurchlauf und ermöglicht früheres Feedback.

Benötigtes Material

Für jede Gruppe ist ein Set von zehn gleichen Münzen notwendig. Der Nennwert der Münzen spielt keine Rolle. Der Moderator protokolliert die Zeiten auf einem Flipchart in einer Tabelle, die wie Tabelle 5-1 aufgebaut ist.

Tabelle 5-1: Protokoll der Zeiten

	Runde 1	Runde 2	Runde 3
Gupppe 1			
Gruppe 2			
...			

Vorbereitung

Jede Gruppe erhält einen Satz Münzen. Pro Gruppe müssen dann die Rollen festgelegt werden. Es werden vier »Arbeiter« und ein oder mehrere »Timekeeper« benötigt. Falls mehrere Timekeeper bestimmt werden, messen diese neben der reinen Spielzeit weitere Aspekte. Sollte das der Fall sein, ist für die Nachbesprechung entsprechend mehr Zeit sinnvoll.

Optional dürfen die Timekeeper gern auch die Rolle als »Manager« übernehmen mit der Aufgabe, die Arbeiter anzuspornen.

Ablauf und Moderation

Auf ein gemeinsames Startsignal des Moderators hin beginnen die Arbeiter »die Produktion«. Ziel ist es, alle Münzen umzudrehen und weiterzugeben. Die Runde endet für eine Gruppe, wenn alle Arbeiter jede Münze einmal umgedreht haben. Durchgeführt werden vier Runden. In der ersten Runde dreht der Arbeiter erst alle zehn Münzen um, bevor er diese an den nächsten Arbeiter weitergibt. In der zweiten Runde dreht er fünf Münzen um, gibt diese weiter, dreht weitere fünf um und gibt auch diese weiter. In der dritten

Runde gibt er noch jeweils zwei Münzen weiter. In der abschließenden Runde wird jede Münze direkt nach dem Umdrehen weitergereicht.

Der Timekeeper misst die Gesamtdurchlaufzeit pro Runde und teilt diese dem Moderator nach jeder Runde mit. Der trägt die Zeiten in der Tabelle entsprechend ein.

Hinweise

Eine Alternative ist der Einsatz von unterschiedlichen Münzen und Münzwerten. Damit wird dann sogar ein unterschiedlicher Value-Flow abbildbar.

Debriefing-Tipps

Hier wird der Einfluss von Losgrößen auf die Durchlaufzeiten verdeutlicht. Das Ergebnis wird voraussichtlich (einzelne Abweichungen sind normal) so aussehen, dass die späteren Runden teilweise erheblich schneller durchlaufen. Meist ist die dritte Runde die schnellste, da die sogenannten Transaktionskosten durch das Weiterreichen der Münzen auf einem Niveau mit der eigentlichen Arbeit des Umdrehens liegen bzw. je nach Anordnung der Arbeiter am Tisch sogar »teurer« (im Sinne von Zeit) sind.

Zur Erklärung wird etwas Mathematik benötigt. Man sieht hier die Auswirkungen von »Little's Law«, einem Prinzip, das in der Warteschlangentheorie ausführlich besprochen wird. Ein sehr gutes Buch zu dem Thema ist Don Reinertsens »The Principles Of Product Development Flow« [REINERTSEN].

Quelle

Dieses Spiel existiert in dieser Form seit mindestens 2008 und geht auf Joe Little zurück [NORMAN].

Boss-Worker-Game

Typ: Prinzip des »Servant Leadership«

Niveau: relativ einfach zu moderieren

Teilnehmerzahl: ab 10 Personen, nach oben keine Grenze

Dauer: 10 Minuten

Learning Objectives

Das Spiel zeigt auf, wie sich in der agilen Welt die klassische *Command and Control*-Rolle von Führungskräften wandelt zu einer *Servant Leadership*-Rolle. Die Scrum-Idee aus dem *New New Product Development Game* [TAKEUCHI-NONAKA] wird hier sichtbar gemacht: Ein sich selbst organisierendes Team kann nicht von außen dirigiert werden.

Zur Verdeutlichung des Unterschieds kommen im Spiel Push-Systeme mit Führungskraft und Pull-Systeme mit Servant Leader zum Einsatz.

Benötigtes Material

Begrenzte Räumlichkeit mit Stühlen, Tischen, Papierkörben usw., die als Hindernisse in den Raum gestellt werden können.

Vorbereitung

Der Raum wird mit den vorhandenen Hindernissen bestückt und verkleinert, sodass die Teilnehmer nicht mehr frei im Kreis laufen können. (Variante: Der Raum wird erst in der zweiten Runde mit Hindernissen bestückt.)

Die Teilnehmer finden sich paarweise zusammen und legen fest, wer von beiden der Boss und wer der Worker ist.

Übrig bleibende Teilnehmer und solche, die nicht mitmachen möchten oder das Spiel schon kennen, werden zu Helfern und verbleiben mit in der Menge der Menschen.

Ablauf und Moderation

Jeder Boss stellt sich direkt hinter seinen Worker und bleibt während der ersten Runde in diesem Abstand. Die Paare haben die Aufgabe, in dem gegebenen Raum innerhalb einer Minute möglichst viele Schritte zu »produzieren«. Ein Schritt hat dabei eine normale Schrittlänge. Kleine Schritte sowie ein ständiges Vor- und Zurücktreten zählen nicht als gültige Schritte.

In der ersten Runde gibt der Boss seinem Worker mündliche Befehle: »vor«, »links drehen«, »rechts drehen« und »stopp«. Der Worker hat diese Befehle zu befolgen, ohne selbstständig eigene Entscheidung über seine Fortbewegung zu treffen.

Nach einer Minute endet die erste Runde, und es wird kurz abgefragt, wie viele Schritte produziert wurden.

In der zweiten Runde darf nun jeder Worker frei entscheiden, wie er sich fortbewegen möchte. Die Bosse werden zu Servant Leadern und haben die Aufgabe, alle Hindernisse aus dem Weg zu räumen, die ihren Workern im Weg stehen. Das Ziel eines Servant Leader ist es, den Workern ein optimales Arbeitsumfeld bereitzustellen und alles dafür zu tun, dass diese ihre Arbeit so leicht wie möglich erledigen können.

Nach einer Minute wird wieder abgefragt, wie viele Schritte in der zweiten Runde produziert wurden.

Als Variante kannst du die zweite Runde auf 30 Sekunden verkürzen.

Nachbereitung

Der Raum wird wieder in seinen Ursprungszustand zurückgebaut.

Hinweise

Der verfügbare Raum darf nicht zu großzügig gestaltet sein. Je nach Anzahl der Teilnehmer kann es notwendig sein, den Raum massiv zu begrenzen. Faustregel: Die Personen dürfen nicht bequem mit Abstand aneinander vorbeigehen können.

Debriefing-Tipps

Folgende Fragen werden den Teilnehmern gestellt:

- »Wie hat es sich angefühlt, von einem Boss gesteuert zu werden?«
- »Wie hat es sich angefühlt, einen Worker zu steuern?«
- »Was war in der zweiten Runde anders?«
- »Was bedeutet dies für euer Arbeitsumfeld?«
- »Welche Beispiele findet ihr dort für Push- und Pull-Systeme?«
- »Was verändert sich für beide Rollen durch eine agile Transition?«

Quelle

Der Begriff »Servant Leadership« wurde von Robert K. Greenleaf im gleichnamigen Buch erstmalig in die Welt getragen [GREENLEAF].

Die älteste für uns auffindbare Beschreibung des Spiels stammt von Michele Sliger und wurde von ihr unter dem Namen »Sixty Steps in the Right Direction« veröffentlicht [SLIGER]. Laut ihrer Aussage hat sie das Spiel bei Jean Tabaka kennengelernt. Leider gibt es keine Gelegenheit mehr, Jean dazu zu befragen.

Push versus Pull in einer Minute

Typ: schnelle Simulation eines Push-Systems

Niveau: leicht

Teilnehmerzahl: ab 4 Personen spielbar, je mehr, desto besser

Dauer: 5 Minuten

Learning Objectives

Push-Systeme können leicht Druck, Überforderung und Chaos erzeugen.

Benötigtes Material

Kleine Gegenstände, die sich im Raum oder im Moderationskoffer befinden und von denen man leicht mehrere in die Hand nehmen kann. Beispiele: Stifte, Marker, Klebeband, Magneten usw.

Ablauf und Moderation

Der Moderator verteilt an die ganze Gruppe kleine Gegenstände, jeder Teilnehmer erhält eine Handvoll.

»Ihr habt diese Dinge gerade produziert und müsst jetzt liefern. Gebt mir diese Dinge jetzt so schnell wie möglich wieder zurück!«

Alle werden panisch die Gegenstände in die Hände des Moderators werfen, sodass fast alles herunterfällt.

Die Alternative wäre gewesen, dass der Moderator pullt. Dies muss gar nicht mehr gespielt werden, da es offensichtlich ist.

Nachbereitung

Gegenstände wieder ordentlich an ihren Platz im Raum bzw. in den Moderationskoffer zurückräumen.

Debriefing-Tipps

Sollte den Teilnehmern die Erkenntnis fehlen, wie ein entsprechendes Pull-System gewirkt hätte, kannst du das Spiel einfach noch mal in der Pull-Variante durchlaufen lassen. Dabei halten die Teilnehmer ihre Gegenstände für dich griffbereit, und du nimmst (pullst) sie von jedem Teilnehmer so, wie du kannst.

Im Ergebnis wird die Pull-Variante sehr viel ruhiger, entspannter ablaufen. Es wird kein Chaos entstehen, und kaum ein Gegenstand wird auf den Boden fallen.

Quelle

Von Marc kennengelernt beim Sociocracy-3.0-Training von Beate Klein.

Counting Numbers and Letters

Typ: Prinzip Multitasking und dessen Einfluss die Arbeitsleistung

Niveau: sehr einfach

Teilnehmerzahl: ab 5 Personen, nach oben keine Grenze

Dauer: 30-Sekunden-Spiel, inklusive Vor- und Nachbereitung weniger als 5 Minuten

Learning Objectives

Der Mensch ist nicht für Multitasking gemacht.

Benötigtes Material

Wirklich notwendig ist nichts. Zur Verdeutlichung kann eine Stoppuhr – wie sie ja in praktisch allen modernen Smartphones enthalten ist – verwendet werden. Sie sollte sekundengenau anzeigen.

Vorbereitung

Keine Vorbereitung notwendig.

Ablauf und Moderation

Du kannst – wenn du der Typ dafür bist – den Teilnehmern ankündigen, in weniger als einer Minute beweisen zu können, dass Multitasking schlecht ist.

Grundsätzlich benötigst du dafür nur zwei gleich große Mengen von Elementen. Wir nehmen am liebsten die Elemente des Schachbretts, nämlich die Ziffern von 1 bis 8 und die Buchstaben von A bis H.

Die Aufgabe ist nun, diese Elemente in zwei Runden abzuzählen: in der ersten Runde abwechselnd aus den beiden Gruppen Ziffern und Buchstaben, in der zweiten Runde »sortenrein«. Die Teilnehmer sollen also ab deinem Startkommando zuerst folgende Kombinationen bilden: A1, B2, C3, D4, E5, F6, G7, H8, in der zweiten Runde dann diese Reihe: A, B, C, D, E, F, G, H, 1, 2, 3, 4, 5, 6, 7, 8. Das kannst du schriftlich oder ganz einfach im Kopf machen lassen.

Fordere die Teilnehmer dazu auf, die Hand zu heben, sobald sie fertig sind. Stoppe die Zeit, bei der die letzte Hand oben ist. Je größer die Gruppe, desto mehr zeitlichen Spielraum solltest du lassen. Ab 15 Teilnehmern stoppe z. B., wenn die drittletzte Hand hochgeht. Dadurch vermeidest du Diskussionen um den Einfluss von Ablenkungen Einzelner auf das Gesamtergebnis. Ach ja, erkläre die zweite Runde erst, wenn die erste Runde um ist.

Nachbereitung

Die zweite Runde wird ungleich schneller ablaufen als die erste. Das »Umdenken« aus einem Sortierprinzip in ein anderes und zurück kostet unvermeidbar mentale Leistung. Dies wird durch die beiden Runden deutlich.

Hinweise

Hier kannst du beliebig variieren:

- Nimm anstelle der lateinischen z. B. römische Ziffern.
- Lass die Teilnehmer die oben genannten Buchstaben-Ziffern-Paare aufschreiben.
- Nimm drei statt nur zwei Mengen an Elementen.
- Verändere die Anzahl der Elemente pro Elementgruppe.

Hier gilt: Finde deine Lieblingskombination!

Stolperfallen

Nach unserer Erfahrung ist dies wieder eine Simulation, die oftmals als »zu einfach« abgetan wird. Unser Argument hier ist: »Ja klar ist das viel einfacher als die Aufgaben in eurem täglichen Arbeitsumfeld. Dort ist der negative Einfluss durch Multitasking also noch größer.«

Auch findet sich gerne mal jemand in einer Gruppe, der die Messmethode infrage stellt oder Gewöhnung für die höhere Geschwindigkeit im zweiten Durchgang verantwortlich macht. Du kannst diesen kritischen Teilnehmern gern anbieten, das Ganze unter komplexeren Bedingungen zu wiederholen, z.B. mit unterschiedlichen Elementen in beiden Durchläufen, mit schriftlichem Ablauf statt mündlichem/mentalem, mit der Verwendung des Median der Zeiten aller Teilnehmer statt dem längsten Wert oder gar dem Durchschnitt. In solchen Fällen bewährt sich unserer Erfahrung nach Transparenz. Das Angebot, Messwerte offen vor allen abzugeben, sorgt meist für ein Einlenken. Sollte die Gegenstimme damit nicht verstummen: Der zweite Durchlauf mit verstärkten Regeln ist meist noch sehr viel deutlicher, obwohl Einzelne unbedingt das Gegenteil beweisen wollen. Das ist das Schöne an der Demonstration von Prinzipien.

Quelle

Dieses Spiel ist für uns auch eines der älteren Kaliber und wurde vor vielen Jahren bereits auf etlichen Konferenzen gespielt. Eine originäre Quelle ist uns nicht mehr bekannt.

Multitasking Name Game – wie lange dauert es, einen Namen zu schreiben

Typ: Prinzip Multitasking und warum Work-in-Progress-Limits wirken

Niveau: mittel

Teilnehmerzahl: ab 6 Teilnehmern, am besten in Gruppen von jeweils bis zu 6 Teilnehmern durchführbar (sollte die Teilnehmerzahl nicht aufgehen, ist eine größere Gruppe meist besser als eine kleinere)

Dauer: 15 Minuten plus mindestens 5 Minuten Debriefing

Learning Objectives

In vielen Bereichen versuchen Menschen, dem schieren Übermaß an anstehenden Aufgaben damit zu begegnen, an vielen Dingen gleichzeitig zu arbeiten. Tatsächlich lassen sie auf diese Weise viele Dinge gleichzeitig liegen. Die Menge der gleichzeitig aktiven Aufgaben zu limitieren, ist ein ultimatives Gegenmittel, aber für sehr viele Menschen sehr wenig intuitiv. Hier erfahren sie am eigenen Leib, wie es sich auswirkt.

Benötigtes Material

Jeder Teilnehmer benötigt einen (natürlich funktionierenden) Stift. Zudem braucht jedes Team einen Zettel weniger, als das Team Mitglieder hat. Haftnotizen sind okay, werden hierfür aber nicht unbedingt benötigt.

Vorbereitung

Teile die Anwesenden in Gruppen zu fünf oder sechs Personen auf. Bleiben wenige Teilnehmer übrig, verteile diese auf die vorhandenen Gruppen. Anschließend bestimmt jede Gruppe eine Person. Diese wird fortan als »Entwickler« oder »Arbeiter« bezeichnet. Benutze hier am besten einen Begriff, der der täglichen Arbeitswelt der Teilnehmer am nächsten kommt.

Die anderen Mitglieder der Gruppen sind für dieses Spiel »Kunden«, »Projektpartner« usw.

Du benötigst zusätzlich eine Stoppuhr, die von allen Teilnehmern gesehen werden kann. Hier ist meist der Einsatz eines Beamers am besten. Wir verwenden hierfür entweder einen Adapter, um die Stoppuhr von Smartphone oder Tablet auf dem Beamer anzuzeigen, oder nehmen einen Browser und suchen mit der Suchmaschine der Wahl nach »Onlinestoppuhr« oder »Onlinestoppwatch«. Beides führt meist sehr schnell zu geeigneten Treffern. Wichtig ist, dass alle »Kunden« diese Uhr zu jedem Zeitpunkt sehen können.

Für die Anmoderation und die spätere Auswertung brauchst du ein Flipchart mit zwei oder drei leeren Blättern.

Ablauf und Moderation

Nachdem die Gruppen vorbereitet, die Arbeiter bestimmt und die Stifte und Zettel verteilt sind und auch die Stoppuhr eingerichtet wurde, kommt der spaßige Teil. Du erklärst den Teilnehmern zunächst sehr genau, was nun passiert. Achtung: Einige Teilnehmer tendieren hier dazu, bereits in ihrer Gruppe anzufangen. Stoppe derartige Aktivitäten, da sonst die Auswertung hinterher schwierig wird.

Du erklärst zunächst, dass die Aufgabe im Spiel sein wird, »Namen zu schreiben«. Du stellst nun an alle ein paar Fragen dazu und notierst auf dem ersten Blatt des Flipcharts die Antworten aus der Menge:

- Wie lange dauert es, einen Namen zu schreiben? Schreibe hierzu am besten die Bandbreite der genannten Werte auf, also z.B. »3–10 Sekunden«.
- Welche Faktoren beeinflussen diese Zeit? Hier kommen meist Dinge wie Länge des Namens, Schriftbild, verfügbare Werkzeuge/Stifte, Sprache/Alphabet der Namen usw.

Ist alles aufgeschrieben, erklärst du den genauen Ablauf – wieder mit dem Hinweis, dass bitte niemand schon vorher anfangen soll!

Auf dein Zeichen hin sollen die Entwickler in jeder Gruppe die Projekte der Kunden abarbeiten. Das Projekt besteht jeweils darin, den (Vor-)Namen des jeweiligen Kunden aufzuschreiben und diesen dem Kunden zu übergeben. Der Kunde wiederum akzeptiert kein

Ergebnis mit Fehlern. Korrekturen sind also erlaubt. Jeder Kunde beobachtet den jeweiligen Arbeiter (bzw. Entwickler) und hat dabei die Zeit im Auge. Der Kunde merkt sich den Zeitpunkt, an dem der Arbeiter begonnen hat, an seinem Projekt zu arbeiten, also z.B. »nach 3 Sekunden«. Sobald der Kunde das korrekte Ergebnis in Händen hält, merkt er sich wieder die Zeit, also z.B. »nach 37 Sekunden«. Er notiert diese beiden Zeiten untereinander auf seinem Ergebniszettel und bildet darunter die Differenz, im genannten Beispiel also wie in Abbildung 5-1.

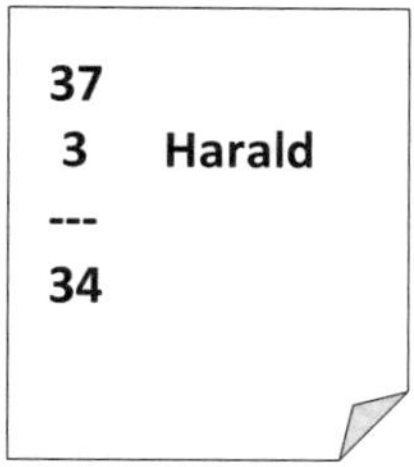

Abbildung 5-1: Zeitpunkte von Anfang und Ende des Namenschreibens in Sekunden sowie die resultierende Dauer

Nun zum Knackpunkt der Sache: »In der simulierten Firma gilt der Grundsatz, dass kein Kunde warten muss.« Das heißt also, der Entwickler wird an allen Kundenprojekten gleichzeitig arbeiten. Wenn du mutig bist (und die Umgebung kennst), kannst du die Teilnehmer ja fragen, ob das bei ihnen in der Firma genauso gilt.

Das gleichzeitige Arbeiten wird dadurch erreicht, dass der Entwickler immer nur einen Buchstaben pro Kunde schreibt und dann zum nächsten Projekt übergeht. Heißen die fünf Kunden beispielsweise Harald, Klaus, Tatjana, Sergeii und Sabine, schreibt der Arbeiter zuerst ein H auf den Zettel von Harald, dann ein K auf den Zettel von Klaus, dann ein T auf den Zettel von Tatjana, dann ein S auf den Zettel von Sergeii und ein S auf den Zettel von Sabine. Danach wird er ein a auf den Zettel von Harald schreiben, ein l auf den Zettel von Klaus usw.

Nach der ersten Runde notierst du als Moderator die Zeiten aus den Teams auf deinem Flipchart. Hier kannst du entweder alle Zeiten aufschreiben oder nur den Durchschnitt (zur Vermeidung von Diskussionen mit dem unvermeidlichen Mathe-Ass gerne auch den Median) oder nur die längste und die kürzeste Dauer. Ganz wie du magst bzw. wie detailliert du das Debriefing machen willst.

Nun zur zweiten Runde. Nachdem diese Arbeitsweise für die armen Arbeiter sehr unbefriedigend war, muss eine Veränderung her. Gibt es mehr als eine Gruppe, bietet es sich an, die Arbeiter rotieren zu lassen. »Nachdem die Entwickler alle gekündigt haben ...« – würfele alles noch einmal durcheinander und verhindere das Argument, dass der zweite Durchgang mit denselben Namen sowieso schneller sein musste.

Die wirkliche Änderung ist allerdings, dass in der neuen Firma eine andere Regel gilt: Anstatt Kunden nicht warten zu lassen, wird jetzt niemals an mehr als einem Kundenprojekt gleichzeitig gearbeitet. Das ist die einzige Änderung, ansonsten läuft alles genauso wie in der Runde zuvor ab.

Du setzt die Stoppuhr zurück, gibst wieder das Startkommando und erfreust dich an der neu entstandenen Dynamik. Schreib am Ende dieser zweiten Runde die Zeiten genauso auf wie nach der ersten Runde (siehe Abbildung 5-2).

Team	Runde 1	Runde 2
Blau	34 sek	7 sek
Rot	52 sek	4 sek
Grün	48 sek	6 sek

Abbildung 5-2: Tabelle der Teamzeiten in den einzelnen Runden des Spiels

Nachbereitung

Nun ist es an dir, zu entscheiden, wie sehr du ins Detail gehen willst. Die eigentliche Botschaft steht schon für alle sichtbar in der Tabelle auf dem zweiten Flipchart: Die zweite Runde war um Größenordnungen schneller als die erste.

Wir beginnen das Debriefing hier gern mit »Aber Multitasking stand am Anfang gar nicht auf eurer Liste der Einflussfaktoren!«.

Eine Möglichkeit, die Ergebnisse detailliert zu visualisieren, ist, beispielhaft für ein Team zwei Gantt-Chart-artige Diagramme zu zeichnen, wie Abbildung 5-3 zeigt.

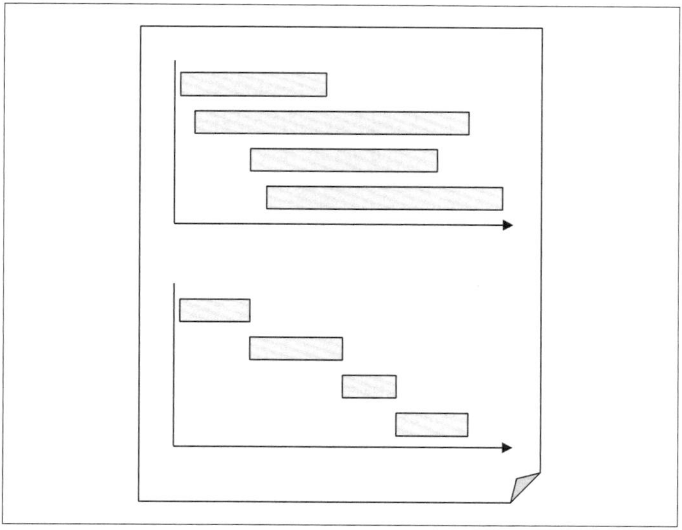

Abbildung 5-3: Beim Multitasking ist alles parallel in Arbeit, und das erste Ergebnis kommt erst spät (oben). Sequentielle Abarbeitung bringt früher Ergebnisse und einen gleichmäßigeren Flow (unten).

(Ein Gantt-Chart zeigt die zeitliche Abfolge von Aktivitäten grafisch als Balkendiagramm dar.)

Wichtig ist in diesem Zusammenhang, darauf hinzuweisen, wie sich die Veränderung nicht nur für den einzelnen Kunden, sondern auch auf die Gesamtzeit ausgewirkt hat. Ja, die jeweils letzten Kunden haben länger darauf gewartet, dass es für sie losging. Aber mit sehr hoher Wahrscheinlichkeit haben alle das Ergebnis früher bekommen. Selbst wenn ein oder mehrere Kunden in einer Gruppe ihr Ergebnis später bekommen haben sollten, so ist das die absolute Ausnahme. Der bei Weitem größte Teil der Kunden wird im zweiten Durchlauf sehr viel bessere Antwortzeiten erreicht haben.

Und fragt gern auch die Entwickler/Arbeiter, welche Arbeitsweise ihnen mehr Spaß gemacht hat.

Hinweise

Falls dir dieses Spiel gefällt, solltest du auf jeden Fall die Version von Henrik Kniberg (siehe Quelle) durchlesen und auch im Vergleich ausprobieren. Man kann hier im Debriefing sehr viele weitere Aspekte einbringen. Wer sich fit in der entsprechenden Materie fühlt, hat mit diesem Spiel eine tolle Grundlage geschaffen, viele Aspekte der Themen Multitasking, Pull- versus Push-Systeme, Utilization und Ähnliches anzudiskutieren.

Stolperfallen

Bei diesem Spiel hören wir oft das Argument: »Aber das ist ja gar nicht vergleichbar, unsere Aufgaben sind ja viel komplizierter.« Genau. Sind sie. Warum erwartet aber jemand, dass diese Komplexität hilfreich ist? Mach dich auf eine längere Diskussion gefasst, sollte dieses Thema aufkommen. Fühlst du dich als Moderator hier nicht sattelfest, kannst du die Diskussion meist mit dem Argument »Ich wollte euch ein Prinzip verdeutlichen, die Anwendung auf euren speziellen Fall muss man im Nachgang besprechen.« schnell beenden.

Quelle

Dieses Spiel ist uns im Verlauf vieler Trainings in vielen Abwandlungen begegnet. Seine ursprüngliche Quelle ist Henrik Kniberg, der es unter einer Creative Commons Attribution-ShareAlike 3.0 Unported License zur Verfügung stellt [KNIBERG].

An dieser Stelle herzlichsten Dank an Henrik! Die Lektüre seiner ursprünglichen Version hat uns viele Fragen im Zusammenhang mit den vielen kursierenden Versionen beantwortet.

Unsere Version ist im Grunde mit Henriks inhaltlich identisch. Der Ablauf, in dem wir die Schritte durchführen, wurde etwas angepasst, wir legen weniger Wert auf die Gesamtdauer des Schreibens und fügen zusätzliche Aspekte im Debriefing ein.

Möge dir der Vergleich mit dem Original Ideen bringen, wie du aus den Spielen in diesem Buch deine eigenen Versionen machen kannst. Wir freuen uns über Feedback dazu, wie ihr unsere Vorlagen anpasst!

Marshmallow Challenge

Typ: Prinzip der iterativen und inkrementellen Entwicklung

Niveau: relativ leicht

Teilnehmerzahl: kann in beliebig vielen Gruppen von 3 bis 5 Personen gespielt werden

Dauer: 30 bis 45 Minuten, je nach Debriefing

Learning Objectives

Die Teilnehmer können nachvollziehen, dass eine wasserfallartige Vorgehensweise mit langen Analyse- und Planungsphasen nicht unbedingt zum Erfolg führt.

Benötigtes Material

Pro Gruppe wird benötigt:

- 1 Marshmallow (normale Größe)
- 20 Spaghetti (roh, normale Dicke mit 8 Minuten Kochzeit)

- 1 Meter Klebeband
- 1 Meter Paketschnur
- 1 Schere
- 1 Tisch

Als Moderator brauchst du:

- Timer oder Stoppuhr
- Maßband

Vorbereitung

Verteile pro Gruppe auf jedem Tisch den Marshmallow, die Spaghetti, das Klebeband, die Paketschnur und die Schere. Alternativ kannst du die Gruppen am Anfang auch bitten, sich diese Materialien von einem zentralen Tisch zu holen, auf dem du alles bereitstellst.

Ablauf und Moderation

Anmoderation: »Ihr habt nun 18 Minuten Zeit, um aus den verfügbaren Materialien den höchstmöglichen Turm zu bauen, auf dessen Spitze ein Marshmallow thront. Ihr dürft mit den Materialien machen, was ihr wollt. Es gibt nur wenige Regeln:

1. Der Marshmallow muss das oberste Element eurer Konstruktion sein.
2. Euer Turm muss frei stehen und darf nicht von oben (Decke, Lampe) fixiert sein oder gehalten werden.
3. Nach 18 Minuten muss euer Turm mindestens 60 Sekunden stehen, ohne umzufallen.

Die Gruppe mit der höchsten Konstruktion hat gewonnen. Macht euch bereit, ihr habt jetzt 18 Minuten Zeit. Los geht's.«

Während der 18 Minuten hast du ein Auge auf die Einhaltung der Regeln. Es gibt Gruppen, die ihre Konstruktion gegen etwas lehnen, andere versuchen, ihren Turm von oben mit Bindfaden zu halten.

Manchmal fragen die Teilnehmer, ob sie Spaghetti durchbrechen oder Klebeband/Bindfaden zerschneiden dürfen. Erklär dann noch mal, dass sie alles frei nach Belieben benutzen dürfen. Nur der Marshmallow muss ganz bleiben und das oberste Element der Konstruktion sein.

Nachbereitung

Mach Fotos von den Gruppen und ihren Konstruktionen. Das ist immer schön für Fotoprotokolle und spätere Erinnerungen.

Lass die Teilnehmer ihre Tische wieder aufräumen.

Hinweise

Da immer wieder Teilnehmer dabei sind, die an Zöliakie erkrankt sind und damit hochsensitiv auf Gluten reagieren, wären dir diese sicher sehr dankbar, wenn du für dieses Spiel ausschließlich glutenfreie Spaghetti verwendest. Das mag dir vielleicht übertrieben vorkommen, wir haben jedoch betroffene Familienmitglieder, denen wir auf keinen Fall Weizenspaghetti in die Hand drücken würden! Frage vielleicht einfach vorher, ob jemand betroffen ist.

Stolperfallen

Frage vorher, ob es Teilnehmer gibt, die das Spiel bereits kennen. Diese dürfen die Rolle der externen Beobachter einnehmen und sich Notizen dazu machen, was während der 18 Minuten in den einzelnen Gruppen passiert. Für das Debriefing ergeben sich dadurch immer wieder aufschlussreiche Beobachtungen.

Debriefing-Tipps

- »Was ist euch während der 18 Minuten aufgefallen?«
- »Wie ist es euch gelungen, so einen hohen Turm zu konstruieren?«
- »Was hat dabei gut funktioniert, was waren positive Einflussfaktoren? Und was hat den Prozess eher behindert?«

Wenn du genug Zeit hast, zeige den Teilnehmern das Video von Tom Wujec (siehe Quelle).

Bei diesem Spiel zeigt sich, dass für solch ein komplexes Unterfangen eine iterativ-inkrementelle Arbeitsweise sehr viel geeigneter ist als ein planbasiertes, durchanalysiertes Vorgehen. Interessanterweise bauen Teams von Kindergartenkindern die höchsten Türme. Gruppen von reinen Führungskräften liegen dagegen auf den letzten Plätzen. Worin besteht der Unterschied zwischen diesen beiden Gruppen? Die Kinder fangen einfach an, einen Turm zu bauen, und haben im Regelfall innerhalb weniger Minuten ein erstes Ergebnis. Ganz intuitiv gehen sie also iterativ-inkrementell vor. Wenn du eine Gruppe typisch deutscher Ingenieure unter den Teilnehmern hast, besteht eine beträchtliche Chance, dass diese einen Großteil ihrer Zeit mit penibler und perfektionistischer Planung verbringen, bevor sie in der letzten Minute merken, dass ihr Turm zusammenbricht.

Einige Teilnehmer könnten darauf beharren, dass dieses Unterfangen ja überhaupt nicht komplex sei. Stell diesen einfach die Frage, wie sie die Komplexität ihrer Produktentwicklung bzw. Softwareentwicklung im Vergleich zu dieser Übung einschätzen würden.

Quelle

Das Spiel wurde von Tom Wujec entwickelt und in seinem wunderbaren TED-Talk präsentiert [WUJEC-MC].

Business Value Poker

Typ: Priorisierung von Produkt-Features oder Backlog Items

Niveau: relativ leicht

Teilnehmerzahl: 2 bis 8

Dauer: 1 bis 2 Stunden, je nach Intensität der Diskussionen und Anzahl der Teilnehmer

Learning Objectives

Das Spiel hilft dabei, die Perspektive auf den Business Value der anderen Teilnehmer zu verstehen. Dadurch fällt es leichter, nicht nur die eigenen Ideen nach oben priorisieren zu wollen, sondern aus einer Gesamtbetrachtung heraus das Beste für die Organisation zu entscheiden.

Benötigtes Material

- Flipchart oder Whiteboard
- Stifte, Marker
- Spielgeld pro Teilnehmer (siehe Vorbereitung)

Vorbereitung

Erstelle für ein Produkt eine Liste von Features. Bring dazu in der Firma alle Stakeholder, Product Owner und Produktmanager eines Produkts zusammen, die einzelne Ansprüche und Wünsche an die Produktentwicklung herantragen. Erstelle auf einem Flipchart oder einem Whiteboard eine Liste aller gewünschten Funktionen, Features, User Stories oder ganz allgemein Backlog Items.

Zur Vorbereitung des Spielgelds hast du zwei Möglichkeiten:

1. Künstliche Werte: Gib jedem Teilnehmer ein Set von 8.800 Geldeinheiten in Form von folgenden Einzelbeträgen: 5.000, 2.000, 1.000, 500, 200, 100. Schreibe diese auf kleine Karteikarten. Halte ein paar weitere Spielgeldscheine bereit für den Fall, dass die Teilnehmer mehr Differenzierung benötigen.
2. Realistische Werte: Identifiziere die durchschnittliche Teamgröße der Produktentwicklung und die genutzte Dauer einer Iteration. Erstelle nun pro Teilnehmer 20 Karten mit einem Betrag, der sich folgendermaßen berechnen lässt:
   Bei einer Teamgröße von 7 Personen, die in zweiwöchigen Sprints arbeiten (10 Arbeitstage), ergibt sich so z. B. ein Betrag von 70.000 Euro. Dieser Betrag entspricht den Kosten für einen vollen Teamsprint. Schreibe diese 70.000 Euro für jeden

Teilnehmer auf 20 kleine Karteikarten. Damit kann jeder Teilnehmer 20 volle Sprints im weiteren Spielverlauf investieren.

Ablauf und Moderation

Zeige den Teilnehmern die zuvor zusammengetragene Liste möglicher Features und gib ihnen folgende Aufgabe: »Schaut euch diese unsortierte Liste möglicher Features an und findet heraus, wie viel eures vorhandenen Budgets ihr für die jeweiligen Features investieren möchtet. Es geht darum, eine sinnvolle Priorisierung dieser Features nach Business Value für die nächsten Wochen zu ermitteln. Investiert also so viel in die einzelnen Features, dass der Invest dem Business Value der Features entspricht.«

Typischerweise werden alle Teilnehmer in der ersten Runde ausschließlich in ihre eigenen Features investieren. Dies entspricht der klassischen Verhaltensweise, seine eigene Idee nach Möglichkeit ganz nach oben auf die Prioritätenliste zu bekommen.

Da das zu keiner sinnvollen Priorisierung der Features beiträgt, stell den Teilnehmern nun für die zweite Runde folgende Aufgabe: »Wir kommen auf diese Art vermutlich zu keiner sinnvollen Lösung. Deswegen werden wir uns jetzt die einzelnen Features in der am Flipchart vorgegebenen Reihenfolge anschauen. Macht euch zum ersten Feature jetzt kurz Gedanken darüber, welchen Business Value ihr ihm zuordnet. Überlegt euch dazu bitte, wie das Feature auf folgende Aspekte einzahlt:

- Generierung von neuem Business,
- Aufrechterhaltung des bestehenden Business,
- mehr Effizienz der internen Abläufe.«

Gehe nun alle Features einzeln durch und lass die Teilnehmer ihr jeweiliges Investment aus der ersten Runde aufdecken. Die Teilnehmer mit dem jeweils höchsten und niedrigsten Betrag bekommen ein Minute Zeit, ihre Sichtweise kurz darzustellen. Dieser Dialog führt bei vielen Beteiligten zu neuen Erkenntnissen. Die bisherigen Investments werden von allen Teilnehmern zurückgenommen, und eine erneute Investitionsrunde beginnt.

Um die investierten Werte an der Wand sichtbar zu machen, kannst du die Wertkarten der Teilnehmer entweder per Magnet oder per Klebestreifen neben den jeweiligen Features positionieren, oder du schreibst den Gesamtwert mit einem Marker daneben.

Im Laufe der Zeit entsteht unter den Teilnehmern eine gemeinsame Sichtweise zur Bedeutung und zu den Businesserwartungen der einzelnen Features. Am Ende des Spiels hängt ein nach Business Value priorisiertes Backlog an der Wand, auf das sich voraussichtlich alle Beteiligten einlassen können.

Quelle

Dieses Spiel basiert auf »Buy a Feature« von Luke Hohmann [HOHMANN] und »Business Value Game« von Andrea Tomasini [AGILE42-BV].

Das *Business Value Game* steht unter der Creative Commons Attribution-Share Alike 3.0 Germany License.

Magisches Dreieck

Typ: Prinzip der Dynamik komplexer Systeme

Niveau: leicht

Teilnehmerzahl: 10 bis 30 Personen

Dauer: ca. 30 Minuten

Learning Objectives

Die Teilnehmer verstehen die Abhängigkeiten in komplexen Systemen und die Auswirkungen von Veränderungen. Das beidseitige Prinzip von Ursache und Wirkung wird spürbar veranschaulicht. Kleine Veränderungen können zu signifikanten Auswirkungen in der Systemdynamik führen.

Benötigtes Material

Außer einem großen Raum oder einer freien Fläche wird nichts weiter benötigt.

Vorbereitung

Sorge dafür, dass du mit den Teilnehmern eine große, freie Fläche zur Verfügung hast. Räume dafür sämtliche Stühle, Tische und andere Möbel aus dem Raum oder so zur Seite, dass sie die Gruppe in der freien Bewegung nicht einschränken.

Ablauf und Moderation

»Jeder von euch sucht sich bitte heimlich zwei andere Personen aus der Gruppe aus. Die beiden dürfen nicht wissen, dass ihr sie ausgewählt habt. Mit diesen beiden Personen bildet ihr jetzt bitte ein gleichseitiges Dreieck. Das bedeutet, dass der Abstand aller drei Personen zueinander jeweils gleich lang ist. Die Seitenlänge ist dabei nicht eingeschränkt, ob ihr ganz eng oder ganz weit auseinandersteht, spielt keine Rolle.

Bewegt euch jetzt bitte so lange, bis diese Aufgabe gelöst ist und das gesamte System zur Ruhe gekommen ist. Das kann durchaus eine Weile dauern. Los geht's.«

Wenn das System nach einigen Minuten zum Stehen gekommen ist, erfolgt das erste kurze Zwischen-Debriefing:

- »Was wurde in diesem System gerade sichtbar?«
- »Was habt ihr gerade erlebt?«
- »Wie ist es euch in der Rolle gegangen?«
- »Was hat das mit eurem Arbeitsumfeld zu tun?«

Nun bringst du eine Veränderung in das stabile System. Je nach Gruppengröße entfernst du einen oder zwei Teilnehmer aus dem System.

»Euer System ist aktuell stabil und zur Ruhe gekommen. Nun schauen wir uns mal an, was passiert, wenn wir ein oder zwei Elemente aus eurem System entfernen. Markus, würdest du bitte rausgehen und eine Beobachterposition einnehmen? Alle, die jetzt eine Person für ihr Dreieck verloren haben, suchen sich bitte zwei neue Personen. Also, mal sehen, welche Auswirkungen diese kleine Änderung auf euer System hat. Los geht's.«

Warte wieder ab, bis das System einen stabilen Zustand erreicht hat und keine Bewegung zu sehen ist.

Sollte überhaupt keine Bewegung ins System kommen, da die entfernte Person in keinem anderen Dreieck enthalten war, kannst du sagen: »Interessant, was gerade passiert ist. Es gibt gelegentlich einzelne Elemente in einem System, von denen kein anderes Element abhängig ist. Markus, würdest du deinen Platz bitte wieder einnehmen? Anja, darf ich dich bitten, das System zu verlassen und in die Beobachterposition zu gehen? An alle anderen: Wer jetzt eine Person im Dreieck verloren hat, sucht sich bitte neue Personen aus. Seid ihr so weit? Okay, los geht's.«

Wenn sich das System nun wieder beruhigt hat, kannst du das finale Debriefing starten:

- »Was hat die Entfernung der Personen aus dem System verändert?«
- »Wer musste sich bewegen? Wer konnte in seiner Position verharren?«
- »Welche Beobachtungen konnten die entfernten Personen machen?«

Wo befanden sich die Bezugspersonen der entfernten Personen vor der Veränderung, und wo befinden sie sich jetzt? Wie viel Veränderung hat insgesamt stattgefunden?

Quelle

Wir kennen dieses Spiel seit vielen Jahren von diversen Konferenzen und Trainings. Eine originäre Quelle ist nicht mehr nachvollziehbar.

KAPITEL 6

Simulationen

»Das Spiel ist die höchste Form der Forschung.«
– Albert Einstein

Ähnlich wie die Spiele zur Vermittlung agiler Prinzipien im vorherigen Kapitel machen die Spiele in dieser Kategorie agile Praktiken für die Teilnehmer erlebbar. Auch diese Spiele vermitteln Grundlagen und Prinzipien agiler Arbeitsweisen. Hier liegt der Fokus jedoch noch mehr auf der konkreten Anwendung bestimmter Methoden, die dann im eigenen Arbeitsalltag und im eigenen Kontext eingesetzt werden können.

Scrum LEGO® City Game

Typ: Scrum-Simulation

Niveau: benötigt Scrum-Erfahrung, ein sehr gutes Verständnis der Scrum-Prinzipien und -Praktiken sowie die Fähigkeit, größere Gruppen zu moderieren

Teilnehmerzahl: zwischen 4 und 20 Personen gut machbar

Dauer: kann von einer kurzen, einstündigen Simulation bis hin zu einem Ganztagsworkshop gespielt werden

Learning Objectives

Die Teilnehmer erfahren, wie iterativ-inkrementelle Entwicklung mit Scrum funktioniert. Die meisten Scrum-Zeremonien, Rollen und Artefakte kommen zum Einsatz. Bei genügend Teilnehmern werden die Effekte von Multi-Team-Scrum sichtbar.

Benötigtes Material

- 1 großer Sack LEGO®-Steine, bunt gemischt
- 1 LEGO®-Männchen
- pro Team 1 Tisch
- 1 Deployment-Tisch
- 1 Tisch für die Materialien
- Flipchart-Papier
- Stifte/Marker in verschiedenen Farben
- Haftnotizzettel (100 oder mehr)

Vorbereitung

Auf dem Materialientisch stellst du die gesamten LEGO®-Steine bereit sowie einen Bogen Flipchart-Papier und ein paar bunte Marker.

Ablauf und Moderation

Zunächst teilst du die Teilnehmer in Teams von maximal sieben Personen auf. Jedes Team sucht sich einen Tisch, an dem es im weiteren Verlauf arbeiten wird.

Vorab solltest du wissen, dass die Moderation so aufgebaut ist, dass der Product Owner nicht gleich all sein Wissen preisgibt. Für die Teams soll die Lernerfahrung entstehen, dass Kommunikation und Zusammenarbeit der verschiedenen Rollen essenziell notwendig sind. Das erreichen wir durch explizites Weglassen von Informationen. An der einen oder anderen Stelle werden wir dies noch mal in der folgenden Beschreibung erwähnen.

Phase 1: Die Vision

Präsentiere den Teilnehmern folgendes Elevator-Pitch-Format, mit dem sich eine Produktvision sehr gut und kurz definieren lässt:

Für <eine Zielgruppe>, die <dieses Bedürfnis> hat, ist <Produktname> eine <Produktkategorie>, die <diese Hauptvorteile> bietet, im Gegensatz zu <Alternativprodukt> hat unser Produkt <diese weiteren Vorteile>.

Beispiel:

Für junge LEGO®-Familien, die Kindererziehung und Beruf in Einklang bringen möchten, ist unsere LEGO® City eine moderne Stadt, die Jobs, Freizeit- und Sportangebote bietet. Im Gegensatz zu Playmobil® City ist unser Produkt flexibel an die Bedürfnisse der Familien anpassbar, lässt sich leicht erweitern und in der Funktionalität beliebig interpretieren.

Jedes Team bekommt nun fünf bis zehn Minuten Zeit, sich eine eigene Vision auszudenken. Sollten die Teilnehmer auf dem Schlauch stehen, in welche Richtung sie nun denken sollen, kannst du ihnen weitere Beispiele mitgeben: »Manche Teams erarbeiten die Vision eines Kreuzfahrtschiffs, eines Raumschiffs oder eines Freizeitparks. Es gab sogar mal ein Team mit der Vision einer Residenz für einen größenwahnsinnigen Bischof.«

Lass die Teams nun ihre Vision finden und diese als Elevator-Pitch formulieren. Im Anschluss pitchen die Teams gegeneinander und einigen sich auf die beste bzw. witzigste Idee, die dann umgesetzt werden wird.

Kurze Variante. Solltest du nicht genug Zeit haben, damit die Teams selbst eine Vision erarbeiten können, bring einfach eine oder mehrere vorgefertigte Vision-Statements mit und lass die Teilnehmer entscheiden, welche sie umsetzen möchten.

Phase 2: Story Writing und Rollenverteilung

Lass nun alle Teilnehmer Stories schreiben, die in irgendeiner Weise die ausgesuchte Vision unterstützen. Dabei muss es sich nicht um User Stories handeln, sondern einfach um gute oder witzige Ideen, die zu der Vision passen. Jede einzelne Story wird auf eine Haftnotiz geschrieben, damit du sie im Nachgang leicht verschieben und ordnen kannst.

Beispiele:

- Haus mit Küche
- Spielplatz
- Kino
- Folterkammer
- öffentlicher Personennahverkehr
- Stromversorgung und Kanalisation

Wie du siehst, entstehen im Regelfall Stories mit sehr unterschiedlichen Größenordnungen – wie in jedem normalen Backlog. Lass die Teilnehmer so lange Stories schreiben, bis etwa zwei bis dreimal so viele Stories vorhanden sind wie Teilnehmer.

Während die Teilnehmer schreiben, bereitest du eine breite Wand vor, an die die Stories dann geklebt werden können. Beschrifte zwei Haftnotizen mit »klein« und »riesig«, die du ganz links und ganz rechts an die Wand klebst.

»Ihr habt nun viele Stories geschrieben, und wir wollen uns einen Überblick darüber verschaffen, was sich in unserem Backlog alles befindet. Kommt jetzt einzeln nach vorn an diese Wand und stellt eure Stories kurz vor. Klebt sie bitte so an die Wand, dass sich die kleinen Sachen links und die riesigen Ideen rechts befinden. Nutzt dafür als Größenreferenz die Stories, die sich bereits an der Wand befinden, und sortiert eure Stories entsprechend ein. Los geht's.«

Falls während dieser Phase von den Teilnehmern inhaltliche Fragen zu einzelnen Stories aufkommen, lass diese ruhig von den Vortragenden beantworten. An dieser Stelle soll jedoch (noch) kein umfangreiches Story Refinement stattfinden. Die Notwendigkeit dafür wird eine Erkenntnis während der folgenden Sprints sein.

Als Nächstes muss die Rolle des Product Owner besetzt werden. Entweder du übernimmst das einfach selbst, oder du nimmst wenige Teilnehmer zu Hilfe, die sich für die Rolle interessieren, und bildest mit ihnen ein kleines Product-Owner-Team.

Suche nun Freiwillige, die die Rolle des Scrum Master übernehmen möchten. Nicht jedes Team benötigt einen eigenen Scrum Master.

Schau einfach, wie viele Teilnehmer sich in diese Rolle begeben wollen. Nimm diese kurz beiseite und erkläre ihnen, was sie während dieser Simulation tun sollen.

»Während der folgenden Sprints seid ihr in der Beobachterrolle. Nehmt so viel wahr, wie ihr könnt, sei es die Teamdynamik, die Zusammenarbeit zwischen den Teams, die Kommunikation mit dem Product Owner oder was auch immer. Macht euch am besten Notizen dazu. Lasst die Teams ihre Arbeit machen und haltet euch dahin gehend zurück, selbst etwas zu bauen.«

Phase 3: Vorbereitung Backlog und Sprint

Erkläre nun allen Teilnehmern den generellen Ablauf der folgenden Sprints:

- Sprint Planning, zügig, aber ohne Timebox
- Entwicklungszeit 8 Minuten
- Sprint Review ohne Timebox
- Sprint-Retrospektive 3 Minuten
- KEIN Daily Scrum, das Team muss sich während der 8 Minuten allein koordinieren

Mach explizit folgende Ansage: »Nach acht Minuten ist die Entwicklungszeit vorbei. Es darf nichts mehr angefasst werden, wir starten sofort mit dem Review. Dazu treffen wir uns am Deployment-Tisch und legen los.«

Den Scrum Mastern gibst du nun folgende Aufgabe: »Während die Product Owner das Backlog vorbereiten, helft ihr den Teams dabei, alles vorzubereiten, was für den ersten Sprint noch notwendig ist. LEGO®-Steine zusammenzubauen, ist weiterhin verboten. Findet mit den Teams heraus, was sie noch benötigen, bevor es gleich richtig losgehen kann.«

Mit den Product Ownern schaust du dir die an der Wand hängenden Stories an. Entscheidet euch für eine gute Mischung aus wertvollen Stories für die Zielgruppe. Bringt diese in eine Reihenfolge, sodass ein erstes Backlog entsteht. Klärt das eine oder andere, falls unbedingt notwendig.

Phase 4: Sprint Planning und Refinement

»Wir starten mit dem Sprint Planning. Alle Teams kommen bitte hier vor die Wand. Ihr seht das erste Backlog für unser tolles Produkt, und unser Investor ist schon ganz gespannt, was er nach dem Sprint alles von uns zu sehen bekommt. Ich gehe die Stories nun von oben nach unten durch.«

Die Verteilung der Stories in die Teams geschieht nach dem Pull-Prinzip. Nimm die oberste Story, lies sie kurz vor und frage, welches Team noch genug Kapazität verfügbar hat, um diese Story im kommenden Sprint umzusetzen.

Die Teams werden immer wieder Verständnisfragen stellen. Beantworte diese so gut wie möglich, jedoch ohne in Details abzutauchen. Im Zweifel sagst du: »Ich kann euch nicht sagen, WIE ihr das umsetzen könnt, dafür seid ihr die Experten. Ich weiß nur, dass wir die Ressourcen in diesem Raum zur Verfügung haben.«

Falls die Teams durch diese Fragen die Erkenntnis haben, dass generelle Verabredungen und Rahmenbedingungen fehlen, dann spring direkt auf und stell den Teilnehmern die Frage: »Was könntet ihr denn tun, um euch an diese Verabredungen und Rahmenbedingungen zu erinnern?« Die Antwort soll lauten: »Working Agreements und/oder Definition of Done.«

Du lässt nun so lange Stories pullen, bis sich kein Team mehr zutraut, eine weitere Story in den Sprint zu nehmen.

Sag den Teams am Ende des Plannings NICHT, dass die Product Owner jederzeit für Fragen und Abnahmen zur Verfügung stehen. In dieser Simulation soll gelernt werden, dass eine gegenseitige Nicht-Kommunikation nicht hilfreich ist für die Zusammenarbeit zwischen Teams und Product Ownern.

Gib nun bekannt: »Ihr habt genau acht Minuten Zeit, eure Stories umzusetzen. Nach acht Minuten sehen wir uns direkt am Deployment-Tisch.«

Phase 5: Development

Lass einen Timer von exakt acht Minuten sichtbar laufen.

Während der acht Minuten Entwicklungszeit bist du ständig anwesend, läufst durch den Raum, gehst immer wieder an den Teamtischen vorbei, sprichst die Teams aber nie an. Schließlich vertraust du den Experten, dass sie ihre Arbeit ohne deinen Input gut erledigt bekommen. Bereite an der Wand schon das kommende Backlog vor, sortiere Stories aus, schreibe neue Ideen auf usw.

Wenn du von jemandem angesprochen wirst, stehst du sofort zur Verfügung und beantwortest alle Fragen so gut wie möglich.

Kurz vor Ende der acht Minuten gehst du langsam in Richtung des Deployment-Tischs und verkündest dann: »Okay, die Zeit ist um, alles loslassen, es werden keine Steine mehr berührt. Wir starten mit dem Sprint Review.«

Phase 6: Sprint Review

Das Review startet sofort nach den acht Minuten, und du wirst immer Leute dabeihaben, die schnell noch ihre zusammengebauten Ergebnisse von ihrem Teamtisch zum Deployment-Tisch tragen möchten oder sogar auf dem Deployment-Tisch noch weitere Steine zusammenstecken wollen. Unterbinde dies unter allen Umständen!

»Stopp! Es wird nichts mehr angefasst! Lasst alles stehen und liegen! Das, was sich auf dem Deployment-Tisch befindet, werden wir uns jetzt anschauen.«

Ein typischer Einwand der Teilnehmer lautet: »Ja, aber wie und wann sollen wir denn unsere Ergebnisse zum Deployment-Tisch bringen?« Gib hier den Hinweis, dass Aufgaben wie Integration, Branch Merges und Deployment innerhalb des Sprints durchgeführt werden müssen. Am Ende des Sprints, besser gesagt, direkt nach dem Sprint, erfolgt das Review der Ergebnisse. Zeit für Produktentwicklung steht dann nicht mehr zur Verfügung. Also ist deine Antwort mit anderen Worten: »Was es während des Sprints nicht auf den Deployment-Tisch geschafft hat, kann leider auch nicht im Review berücksichtigt werden. Halb fertige, nicht integrierte Teilergebnisse auf euren Entwicklungstischen nützen dem Kunden nichts.« Ergänze das gern noch mit der klassischen Entwickleraussage: »Auf meinem Rechner funktioniert es!« (»It works on my local machine.«)

Lass dir als Product Owner nun die Ergebnisse zeigen, die tatsächlich ausgeliefert wurden und auf dem Tisch stehen. Prüfe dabei gewissenhaft, ob das LEGO®-Männchen durch gebaute Türen durchpasst und die Größenverhältnisse sinnvoll gebaut sind. Eine weitere Prüfung kann darin bestehen, ob Gebäude/Strukturen mit maximal drei verschiedenen Farben gebaut sind. Ein wilder Farbmischmasch darf gern von dir abgelehnt werden.

Auch hier kommt schnell ein leicht vorwurfsvoller Einwand der Teams: »Das hast du uns vorher aber nicht gesagt!« Antworte darauf wie folgt: »Komisch, erinnert euch das an etwas? Wie läuft das denn normalerweise bei euch in der echten Entwicklung? Sagen euch eure Auftraggeber oder Kunden vorher immer im Detail, was sie wirklich wollen?« Hier kannst du bei Bedarf viele agile Prinzipien und Praktiken erklären: iterative und inkrementelle Entwicklung, schnelle Feedback-Schleifen, Einbindung des echten Kunden/ Anwenders usw. Stell den Teams die Frage, was sie tun könnten, um diese impliziten Annahmen des Product Owner für alle transparent zu machen. Erkläre bei Bedarf die Konzepte der Definition of Done und Akzeptanzkriterien.

Gib den Teams entsprechendes Feedback, ob du Stories so akzeptieren kannst oder ob etwas in eine völlig falsche Richtung gebaut wurde. Die erhoffte Erkenntnis für die Teams soll hierbei sein, dass sie weitere Bedingungen in ihre Definition of Done aufnehmen und dass sie für jede Story Akzeptanzkriterien definiert haben müssen.

Hänge alle abgenommenen Stories in einen separaten Bereich an die Wand und notiere auf einem Flipchart die Anzahl dieser Stories für diesen Sprint. So ergibt sich ein Velocity-Chart über die Sprints. (Achte darauf, die Velocity nicht pro Team zu erfassen, sondern einzig die Gesamt-Velocity aller Teams. Es geht bei Scrum nicht um den Konkurrenzdruck, sondern darum, gemeinsam als Organisation besser zu werden!)

Teile den Teams mit, welche weiteren Wünsche du nun ins Backlog aufnehmen wirst und, vor allen Dingen, was bei den nicht abgenommenen Stories noch fehlt, um sie im nächsten Sprint akzeptieren zu können.

Schicke nun die einzelnen Teams mit ihren Scrum Mastern in die Sprint-Retrospektive.

Phase 7: Sprint-Retrospektive

»Ihr habt nun vier Minuten Zeit, um in einer kurzen Retrospektive herauszufinden, was ihr im nächsten Sprint anders machen werdet. Die Scrum Master achten darauf, dass ihr zu einem Ergebnis kommt und uns dieses Ergebnis nach vier Minuten mitteilen könnt.«

Gib den Teilnehmern nach jedem Sprint ein unterschiedliches Kurz-Retrospektiven-Format an die Hand, an das sie sich halten können. Wenn du erfahrene Scrum Master in den Teams hast, dürfen diese gern auch eigene Formate nutzen. Wichtig ist nur – wie bei jeder Retrospektive –, dass am Ende konkrete und verwertbare Ergebnisse rauskommen:

1. Problem – Ursache – Lösung: Der Scrum Master fragt das Team zunächst nach einem beobachtbaren Problem. Zu diesem Problem soll das Team dann die Ursache identifizieren. Im letzten Schritt soll das Team eine Gegenmaßnahme bzw. eine Lösung für diese Ursache finden. Das ist dann das erste Action Item, das im nächsten Sprint zu Anwendung kommt. Solange noch Zeit ist, kann ein weiteres beobachtetes Problem betrachtet werden.
2. Stoppen und Starten: Der Scrum Master fragt das Team, welches Verhalten im Team gestoppt und was stattdessen gestartet werden soll. Wenn es nicht direkt ersichtlich ist, darf gern die Frage gestellt werden: »Und damit lösen wir welches Problem?«
3. Gut –schlecht – anders: Der Scrum Master fragt das Team, welche Dinge gut und welche schlecht gelaufen sind. Jedes Teammitglied kann seine Erkenntnisse auf kleine Haftnotizen schreiben und an ein Flipchart hängen. Im Anschluss identifiziert das Team auf Basis dieser Erkenntnisse mögliche Aktio-

nen, die eine Veränderung bewirken. Gute Dinge werden dadurch verstärkt, schlechte Dinge werden abgemildert.

Im Anschluss stellen die einzelnen Teams ihre Action Items der gesamten Gruppe vor. Der erhoffte Effekt dabei ist, dass andere Teams weitere Erkenntnisse mitnehmen können und dass übergreifende Verbesserungen in der Zusammenarbeit der Teams entstehen.

Typische Verbesserungen, die von den Teams identifiziert werden:

- Wir werden mehr und direkt mit dem Product Owner kommunizieren.
- Wir werden den Product Owner frühzeitig einbeziehen.
- Wir werden uns zwischen den Teams vorher absprechen und Schnittstellen festlegen.
- Wir werden diese und jene Rahmenbedingungen in die Definition of Done schreiben.
- Wir werden für jede Story Akzeptanzkriterien aufschreiben.
- u. v. m.

»Wir starten jetzt den nächsten Sprint. Macht euch bereit fürs Sprint Planning.«

Gehe zu Phase 4 und durchlaufe den nächsten Sprint so lange, bis das Team die wesentlichen Aspekte und Komponenten von Scrum erfasst und durchlebt hat. Manche Teilnehmergruppen brauchen dazu nur zwei Sprints, andere drei oder sogar vier. Wir raten davon ab, mehr als vier Durchläufe zu machen, da der Erkenntnisgewinn dann nur noch gering ist.

Phase 8: Release-Planung (optional)

Auf Basis des Velocity-Charts kannst du den Teilnehmern noch zeigen, wie eine Release-Planung ganz einfach visualisiert werden kann. Dies dürfte insbesondere für die Product Owner, Produktmanager und Projektleiter unter den Teilnehmern von Interesse sein.

Wie im Beispieldiagramm in Abbildung 6-1 zu sehen ist, kann nach drei Sprints ein einfacher Durchschnitts-Forecast berechnet werden. Die mittlere gepunktete Linie zeigt, dass wir nach zehn Sprints das aktuelle Backlog fertiggestellt haben könnten. Mit einer erhöhten Wahrscheinlichkeit wird es zwischen neun und zwölf Sprints dauern.

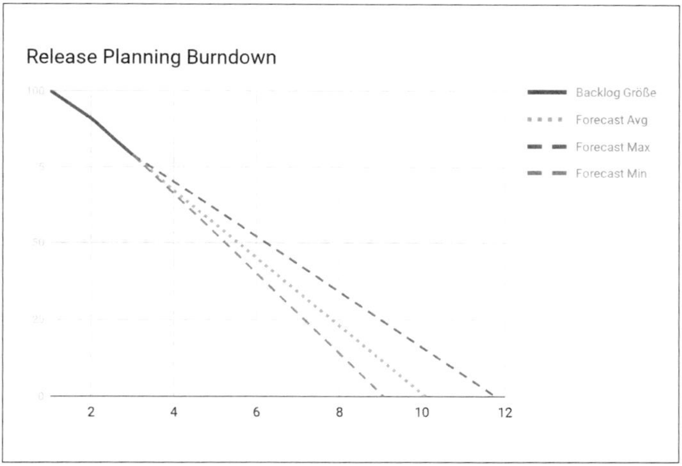

Abbildung 6-1: Release-Planning-Burndown-Chart, zeigt eine ungefähre Vorhersage, in welchem Zeitraum ein Projekt geliefert werden kann

Nachbereitung

Mach Fotos von den gebauten Ergebnissen der Teams.

Lass dir gern von allen Teilnehmern dabei helfen, die LEGO®-Steine wieder einzusammeln und etwas Ordnung im Raum zu schaffen.

Stolperfallen

Achte darauf, dass das Sprint Planning nicht zu einer endlosen Diskussionsrunde gerät. Setze für dich eine Timebox von fünf Minuten und prüfe, ob die Diskussion über Storyinhalte und Details für den Moment gut genug ist. Im Zweifelsfall fügst du eine weitere Timebox an und prüfst danach wieder.

Halte die Regel strikt ein, dass nach Ablauf der Entwicklungszeit von acht Minuten kein Stein mehr bewegt werden darf. Frage die Teilnehmer: »Wie macht ihr das denn in einem echten Review mit eurem Produkt, wenn Anwender und Stakeholder anwesend sind? Baut ihr dann während des Reviews auch noch schnell etwas um? Nein, das tut ihr nicht – und das aus gutem Grund!«

Debriefing-Tipps

Während der Simulation werden die einzelnen Rollen und Zeremonien bereits von dir erklärt, und auf einzelne Aspekte wird eingegangen. Zu diesen Rollen und Zeremonien kann also jederzeit bereits eine Art Zwischen-Debriefing mit den Teilnehmern stattfinden.

Stell ganz am Ende gern noch mal explizit folgende Fragen:

- »Welche Erkenntnisse habt ihr während dieser Simulation gewonnen?«
- »Was davon könnt ihr in euren Arbeitsalltag transferieren?«
- »Welche offenen Fragen ergeben sich für euch jetzt daraus?«
- »Was gibt es noch zu klären?«

Quelle

Es gibt einige Referenzen zu nennen. Andrea Tomasini hat 2006 damit begonnen, LEGO® für Scrum-Simulationen zu nutzen, damals noch in einer weniger strukturierten Form.

Auf Alexey Krivitsky geht die Large Scale Scrum LEGO® Simulation zurück, die etwa 2008 entstanden ist.

Andreas Schliep und Jürgen »mentos« Hoffmann nutzen das LEGO® City Game seit 2009 in ihren CSM-Trainings.

Marc hat das Spiel seit 2013 in seinen Trainings. Im Laufe der Jahre haben sich Ablauf und Inhalt so weiterentwickelt, wie es hier beschrieben steht.

Kanban Pizza Game

Typ: Simulation für Kanban (Flow)

Niveau: mittelschwer (da hierbei gebastelt wird und die Teilnehmer oft kreative Ideen haben und viele Fragen stellen, ist dies ein Spiel, das nicht unbedingt für Anfänger geeignet ist) Du solltest die Prinzipien und Praktiken von Kanban gut beherrschen, um den Teams Hilfestellung und Antworten geben zu können.

Teilnehmerzahl: ab 5, nach oben offen

Dauer: mindestens anderthalb Stunden, kann auch als Halbtagsworkshop durchgeführt werden

Learning Objectives

In diesem Spiel werden einige der Prinzipien, auf denen Kanban basiert, aus erster Hand erfahren. Tatsächlich bauen die Teilnehmer selbst ein Kanban-System auf und erleben, wie dieses mit Leben gefüllt und angewendet wird. Die positiven Effekte von Work-in-Progress-Limits werden verstanden.

Spielen mehrere Teams parallel, wird sichtbar, dass es nicht das eine, richtige Kanban-System für einen Prozess gibt, sondern dass verschiedene Kanban-Boards gleich gut und nützlich sind.

Benötigtes Material

In diesem Spiel wird gebastelt. Dementsprechend brauchst du Papier, bunte Stifte, Kleber und Scheren. Manchen Anleitungen empfehlen Haftnotizen, andere nehmen hierfür einfach normales Papier und Klebestifte oder z. B. die sehr coolen tesa®-Kleberoller (egal ob in »Permanent« oder »Non Permanent«). Da die Teilnehmer selbst basteln, musst du pro Team entsprechendes Material vorbereiten. Es empfiehlt sich, hierfür entsprechende Taschen zu haben, in denen jeweils Schere, Klebestift, bunte Stifte und ähnliche Materialien enthalten sind.

Viele Teams mögen es, die Anleitung nachlesen zu können. Es schadet also nie – insbesondere bei einer größeren Anzahl Teilnehmer –, diese ausgedruckt dabeizuhaben.

Hier die vollständige Materialliste:

- Haftnotizen in drei Farben: Gelb (Ananas), Pink (Schinken) und Grün (Rucola)
- Druckerpapier, um die Pizzaböden auszuschneiden
- rote Marker für die Tomatensoße
- Kleber oder durchsichtiges Klebeband, um die Haftnotizen besser zu befestigen
- Malerkrepp/Klebeband
- Scheren (mindestens eine pro Team)
- Stoppuhr/Timer
- Bestellkarten, ein Set pro Team (siehe Link unten bei den Quellen)
- Ofen, einer pro Team (siehe Link unten bei den Quellen)
- optional: die Folien »The Kanban Pizza Game« von agile42: *https://www.agile42.com/en/training/kanban-pizza-game/*

Vorbereitung

Jedes Team braucht einen Ofen. Hierfür nehmt ihr ein leeres Blatt Papier und beschriftet es entsprechend. Kreative Köpfe können ihrer Fantasie freien Lauf lassen. Auch benötigt jedes Team Bestellkarten.

Ablauf und Moderation

Phase 1: Impliziten Prozess erzeugen

Zum Start des Spiels sollen sich die Teams erst mal mit dem verfügbaren Material und den Rahmenbedingungen vertraut machen, um so viele Pizzastücke wie möglich zu backen.

Zeige den Teilnehmern ein vorbereitetes Stück Pizza Hawaii (siehe Abbildung 6-2) und erkläre die notwendigen Zutaten:

- ein Stück Pizzaboden (Papierdreieck)
- Tomatensoße (roter Marker)
- drei Scheiben Schinken (Pink)
- drei Scheiben Ananas (Gelb)

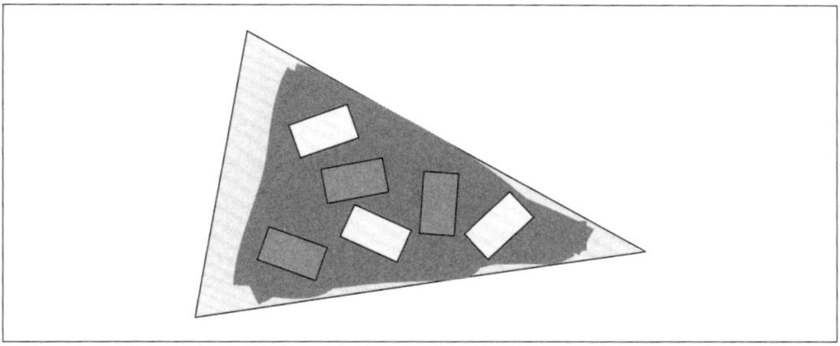

Abbildung 6-2: Die Schinken-Käse-Pizza, wie sie in etwa aussehen sollte

»Die Tomatensoße bedeckt den Pizzaboden gleichmäßig, und die beiden Beläge (Schinken und Ananas) sind ebenso gleichmäßig verteilt.«

Erkläre nun, wie der Ofen funktioniert: »Es dürfen höchstens drei Pizzastücke gleichzeitig im Ofen sein. Die Backzeit beträgt mindestens 30 Sekunden. Während ihr backt, dürfen keine Pizzastücke rein- oder rausgenommen werden!«

»Ich gebe euch nun ein paar Minuten Zeit, um so viele Pizzastücke wie möglich zu backen. Achtet dabei darauf, Verschwendung (Waste) zu vermeiden. Los geht's!«

Gib den Teams nun fünf bis sieben Minuten Zeit. Beende dann diese erste Runde: »Okay, bitte aufhören, Hände hoch und alles stehen und liegen lassen!«

Phase 2: Vorstellung von Kanban

Gib den Teilnehmern nun eine Einführung in Kanban und stell die Prinzipien und Praktiken von Kanban vor, die im weiteren Verlauf des Spiels zur Anwendung kommen:

- Workflow sichtbar machen.
- Work in Progress (WiP) limitieren.
- Flow managen.
- Feedback-Schleifen einbauen.
- Prozessregeln explizit machen.
- Gemeinsam verbessern.

Hier kannst du dich austoben oder es ganz kurz halten. Wir tendieren zu Letzterem. Der Fokus des Spiels liegt für uns auf der Erfahrung, die die Teilnehmer machen, und weniger auf der theoretischen Ausarbeitung der Prinzipien und Praktiken. Diese erfolgt bei Bedarf gern im abschließenden Debriefing.

Erkläre als Nächstes die Bewertungsregeln:

- Ein vollständig und korrekt gebackenes Pizzastück gibt 10 Punkte.
- Ein unbenutzt sich im Prozess befindlicher Pizzaboden gibt 4 Punkte Abzug!
- Ein unbenutzt sich im Prozess befindlicher Belag gibt 1 Punkt Abzug!

Zeichne eine Tabelle auf ein Flipchart, in der alle Teams und die vier Runden eingetragen sind, wie in Tabelle 6-1 gezeigt. An dieser Stelle kannst du der Teamdynamik noch ein bisschen auf die Sprünge helfen, indem du die Teams nicht einfach durchnummerierst, sondern sie nach ihrem Teamnamen fragst. Gib ihnen dazu eine Minute Zeit.

Tabelle 6-1: Flipchart-Tabelle für die Punkte

	Runde 1	Runde 2	Runde 3	Runde 4
Team A				
Team B				
Team C				
...				

Frage die Teams nach ihren Punkten und trage diese in die Tabelle entsprechend ein.

Bitte die Teams nun, ihren Workflow sichtbar zu machen: »Schaut euch nun bitte den Prozess an, den ihr angewendet habt. Nehmt euch Klebeband, Papier, Haftnotizen oder was auch immer und macht euren Workflow direkt auf dem Tisch sichtbar, indem ihr Lagerplätze für eure Produktionsmaterialien einführt, also für die Pizzaböden, Schinkenscheiben, Ananasstücke und so weiter.«

»Versucht noch nicht, euren Workflow zu optimieren. Zeigt einfach nur auf, welcher Prozess in der ersten Runde entstanden ist.«

Bitte die Teams nun, ihr Work in Progress zu limitieren: »Hattet ihr irgendwo Zutaten rumliegen, die sich gestapelt hatten und am Ende Punktabzug gaben? Überlegt euch, welches WiP-Limit ihr für diese Zutaten vergeben möchtet, und macht es in eurem Workflow sichtbar.«

Lass die Teams nun noch über das schönste und beste Stück Pizza entscheiden, das in der ersten Runde gebacken wurde. Dieses wird zur Referenz für Pizzastücke erklärt und gut sichtbar für alle im Raum platziert (z. B. auf einer Pinnwand oder dem Flipchart mit der Tabelle).

»Schmeißt jetzt bitte alle fertigen Pizzastücke und diejenigen, die sich im Ofen befinden, weg. Die unbenutzten, rohen Zutaten behaltet ihr für die nächste Runde.«

Phase 3: Zweite Runde mit Kanban-System

Starte nun eine neue Runde mit dem eben etablierten Kanban-System. Gib den Teams keinen Hinweis dazu, wie lange diese Runde dauern wird.

Beende die Runde nach fünf bis sieben Minuten, wenn für dich ein guter Zeitpunkt gekommen ist. Trage die Punkte der Teams wieder in die Tabelle ein und mache ein kurzes Debriefing.

Phase 4: Dritte Runde mit erweitertem System

Das Spiel wird nun etwas komplexer gemacht durch ein neues Pizza-Rucola-Rezept und die Einführung von Kundenbestellungen.

Stell den Teams die Erweiterungen vor: »Eine Pizza Rucola besteht nur aus Tomatensoße und sieben Stück Rucolasalat (Grün), aber ohne Schinken und ohne Ananas. Leider verbrennt der Salat leicht und muss deshalb erst nach dem Backen auf die Pizza gelegt werden.« Ein Beispiel für eine Pizza Rucola ist in Abbildung 6-3 zu sehen.

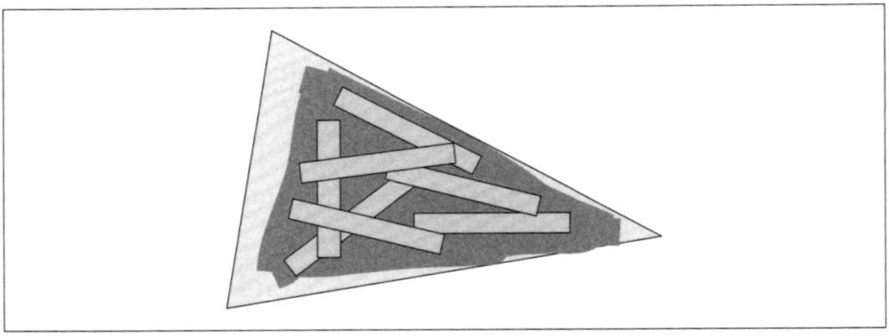

Abbildung 6-3: So sollte die Rucola-Pizza in etwa aussehen

»Bestellungen können jeweils mehrere Pizzen der beiden Arten Pizza Hawaii und Pizza Rucola enthalten. Ihr bekommt als Team nur Punkte, wenn die Bestellung vollständig ausgeführt und geliefert wurde! Baut euch nun eine Stelle, an der die Teams neue Bestellungen entgegennehmen und fertiggestellte Bestellungen abliefern können.«

»Habt ihr Fragen zu diesem erweiterten System?« Beantworte die Fragen und erkläre, bis die Teams verstanden haben, wie das neue System funktioniert. Achte dabei darauf, den einzelnen Teams nicht direkt zu sagen, wie sie ihren Prozess genau anpassen sollen.

»Ihr habt nun fünf Minuten Zeit, euren Workflow zu besprechen und entsprechend der Erweiterung anzupassen.«

Starte dann die dritte Runde nach gleicher Manier wie zuvor.

Kurzes Debriefing, Punkte vermerken, fertig.

Phase 5: Vierte und letzte Runde

Gib den Teams ein paar Minuten, um ihr System zu besprechen und zu verbessern. Mach keine weiteren Vorgaben, lass die Runde mehr oder weniger unverändert ablaufen. Hier soll die Lernerfahrung für die Teams darin bestehen, dass mit diesen wenigen Regeln bereits ein iterativ verbessertes System entstehen kann. Der Moderator bzw. Coach muss dazu nicht mehr viel am gegebenen Rahmen verändern.

Falls du das Gefühl hast, dass wenig Ideen in den Teams geboren werden, kannst du einen Hinweis einwerfen wie z. B.: »Experimentiert ruhig mit eurem Workflow und probiert andere WiP-Limits aus.«

Starte die vierte Runde.

Wieder Debriefing und Punkte aufschreiben.

Phase 6: Vom Spiel zum echten Kanban-Board

Diese abschließende Phase des Spiels dient dazu, den Prozess vom Tisch auf ein Kanban-Board zu transferieren.

»Schaut euch euren Workflow an, den ihr auf dem Tisch sichtbar gemacht habt. Zeichnet diesen jetzt auf ein Flipchart (Whiteboard, Pinnwandpapier) inklusive der WiP-Limits, sodass es wie ein richtiges Kanban-Board aussieht. Ihr dürft das Board gern mit Zutaten und Pizzastücken verschönern, um sichtbar zu machen, was auf dem Board passiert.«

Phase 7: Debriefing

Mit der frischen Erfahrung des Kanban-Pizzaspiels im Kopf ist nun genau die richtige Zeit, im Detail auf die Kanban-Prinzipien und -Praktiken einzugehen und diese den Teilnehmern weiter zu erörtern.

Workflow sichtbar machen

Bei der physischen Herstellung der Pizza ist der Workflow immer vorhanden. Dieser existiert implizit einfach dadurch, dass etwas konkret gemacht wird. Die Tätigkeiten, die wir durchführen, bilden immer einen Workflow ab, der uns nur oftmals nicht bewusst ist. Durch die Visualisierung des Workflows erstellen wir ein Modell, anhand dessen wir den aktuellen Prozess reflektieren können. Denke daran: Alle Modelle sind falsch, aber einige sind nützlich. Der Workflow ist eine Vereinfachung und stimmt nie perfekt mit der Realität überein. Er ermöglicht uns jedoch, unsere Arbeit zu untersuchen und zu verstehen.

Der Workflow kann auf verschiedene Arten dargestellt werden. Die Tatsache, dass einige Pizzen mit Belag in den Ofen kommen und andere ohne, kann mit Tags, Swimlanes, nicht linearen Workflows, gerichteten Netzwerken, Kadenzen (abwechselnd zwischen Hawaii und Rucola im Ofen) oder einer Reihe anderer Methoden beschrieben werden.

Im Laufe des Spiels hat jedes Team einen Workflow erstellt, der in seinem eigenen Kontext von Personen, Ressourcen und Engpässen sinnvoll war. Während es wahrscheinlich ist, dass andere Teams ein Board übernehmen und es sich zu eigen machen, bedeutet dies nicht, dass eines der Boards notwendigerweise »richtiger« ist als die anderen.

Work in Progress (WiP) limitieren

Während des Spiels häuften sich die Warteschlangen aufgrund der eingebauten Engpässe. Das ist beabsichtigt. Während des Spiels haben die Teams Beschränkungen für die laufende Arbeit (WiP) eingeführt, um sicherzustellen, dass sie die richtigen Dinge produzieren, und um zu vermeiden, dass Punkte für nicht verwendete Materialien verloren gehen. Die Teilnehmer haben erlebt, dass WiP-Limits mehr als einfache Einschränkungen sind: Sie steuern und verändern das Verhalten von Menschen. Die Menschen interagieren in der Regel mehr mit der gesamten Produktion, kommunizieren mehr und helfen sich gegenseitig, wenn dies erforderlich ist.

Flow managen

Kanban funktioniert am besten, wenn die Arbeit gut durch das System fließt. Normalerweise würdest du den Durchfluss erhöhen, indem du die Lead Time misst und minimierst. Leider nimmt dies für den Moderator zu viel Zeit in Anspruch, deshalb verwenden wir im Pizzaspiel ein Bewertungssystem, das die

Aufgabe hat, das Inventar zu bestrafen und ein ähnliches flussoptimierendes Verhalten auszulösen.

In den ersten Runden des Spiels besteht die Tendenz, kleine Materialvorräte im Voraus vorzubereiten. In späteren Runden lernt das Team, das Inventar niedrig zu halten und den Fluss durch Verschärfung der WiP-Limits aufrechtzuerhalten.

Das Messen des Flusses im Pizzaspiel kann sehr lehrreich sein. Hol dir dafür am besten einen Co-Moderator, damit du dich auf die reine Moderation konzentrieren kannst und dich nicht zusätzlich um die ganzen Zahlen und Zeiten kümmern musst. Die Aufgabe des Co-Moderators besteht darin, die Lead Time der Teams zu messen und zu visualisieren.

Feedback-Schleifen einbauen

Worüber haben wir Feedback gesammelt? Bitte die Teams, einen Moment darüber nachzudenken, welche Arten von Feedback-Schleifen im Spiel vorhanden waren, und diese auf die Haftnotizen zu schreiben. Du kannst entweder alle Haftnotizen auf einem Board sammeln oder um Beispiele bitten. Frage während der Nachbesprechung, was ohne die einzelnen Feedbacks geschehen wäre.

Prozessregeln explizit machen

Nach der ersten Runde hat jedes Team seinen Workflow auf dem Tisch dokumentiert. Alle Änderungen am System wurden sofort auf dem Tisch vorgenommen. Wir setzten auch einen gemeinsamen Qualitätsstandard, indem wir eine Referenzpizza auswählten. Wie hat das der Arbeit geholfen? Was war mit Rollen? Hatten die Leute klare Rollen? Wie sind diese entstanden? Wer hat die »Ressourcen« in dieser Simulation zugewiesen?

Gemeinsam verbessern

Das Spiel bestand aus vier Runden mit genügend Zeit für Inspektion und Anpassung zwischendrin. Was wäre ohne die Möglichkeit zur Inspektion und Anpassung passiert? Wer hat Inspektion und Anpassung durchgeführt? Auf welchen Informationen beruhten diese? Worüber haben die Teammitglieder an den Tischen während der Pizzaproduktion gesprochen?

Nachbereitung

Bitte die Teams, den entstandenen Saustall aufzuräumen, damit der Raum wieder ordentlich benutzt werden kann. Auch gern mal das Fenster aufmachen, es riecht sehr nach Pizza ;-)

Hinweise

Du wirst möglicherweise einige der folgenden Fragen von den Teilnehmern gestellt bekommen, oder du fragst sie dich vielleicht auch selbst.

- *Können wir die unbenutzten, rohen Zutaten in der nächsten Runde weiterverwenden?*

Ja, genau das soll auch geschehen. Die unbenutzten Schinkenscheiben, die Ananas, der Rucolasalat und die Pizzaböden auf dem Tisch geben jedoch entsprechende Minuspunkte am Ende jeder Runde.

- *Warum können wir keinen Timer sehen und die Runden genau sechs Minuten lang machen?*

Wenn das Team weiß, wie viel Zeit noch übrig ist, wird es frühzeitig anfangen, den Prozess auslaufen zu lassen, sodass am Ende der Runde möglichst wenig Verschwendung auftritt. Minimierung von Verschwendung ist zwar eine gute Sache, wir möchten jedoch, dass die Teams dies in den normalen Arbeitsablauf einbauen. Gib den Teams irgendwas zwischen fünf und sieben Minuten, ohne ihnen eine genaue Zeit zu nennen.

- *Ein Team fragt nach einem weiteren Ofen, soll ich ihm einen geben?*

Nein! Wenn du auf magische Art und Weise einen Flaschenhals beseitigst, indem das Team weitere Ressourcen bekommt, wird es nicht lernen, seine Flaschenhälse im Workflow selbst zu identifizieren und zu beseitigen. Stattdessen lernt es, dass Flaschenhälse durch beständiges Beklagen irgendwie von allein verschwinden.

Beachte auch, dass, wann immer der schlimmste Flaschenhals beseitigt ist, ein neuer Flaschenhals im System auftauchen wird. Vertiefende Erklärungen dazu liefern [GOLDRATT] und [TECHT] mit der »Theory of Constraints«. Es braucht immer etwas Zeit, bevor das System sich einspielt und der neue Flaschenhals zum Vorschein kommt. In den vier Runden dieses Spiels haben wir nicht genügend Zeit für mehr als eine oder zwei dieser Veränderungen.

- *Das Spiel ist zu langsam, die Teams brauchen mehr Druck, um Dinge fertig zu bekommen.*

Jedes Teams ist anders, und das Fehlen von sichtbarem Druck ist nicht unbedingt schlecht. Lass das Spiel sich entwickeln und zwinge die Teams nicht in einen definierten Ablauf. Beobachte die Verhaltensweisen, stärke vorsichtig gutes Verhalten und mache auf ungewolltes Verhalten aufmerksam. Wenn du der Meinung bist, dass die Teams nicht wirklich ihr Bestes geben, kannst du versuchen, ein bisschen mehr Konkurrenz zwischen den Teams entstehen zu lassen. Bitte die Teams, ihre Lead Time zu messen und sie zu verbessern.

- *Einige Teams arbeiten zu schnell und erzeugen unschöne Pizzen. Wie soll ich mich verhalten?*

Mach es sichtbar und explizit! Zeige den Teams ihre Qualitätsunterschiede und bitte sie, sich auf ein gemeinsames Qualitätslevel zu einigen. Sie könnten beispielsweise einen Qualitätsbeauftragten ernennen, der die Pizzalieferungen bewertet und akzeptiert. Oder sie entwerfen eine Definition of Done oder arbeiten mit der Referenzpizza.

- *Dieses Team reißt die Schinkenstücke einfach von Hand ab und behauptet, es sei eine handgemachte Pizza. Was soll ich tun?*

Die Teams finden schnell heraus, dass die Scheren einen Flaschenhals darstellen. Manche fangen dann an zu tricksen und reißen den Schinken von Hand in Stücke. Wenn du sie danach fragst, sagen sie dir, dass das ein handgefertigtes Pizzastück ist und deswegen viel besser bei den Kunden ankommt als industriell hergestellter Schinken.

Sag ihnen, dass der Schinken (also die pinken Haftnotizen) so aus der Fabrik kommt. Die Kunden werden sehr verärgert sein, wenn sie herausfinden, dass ihnen der Industrieschinken als handgemachter Schinken angedreht wird. Falls alle Argumente versagen, ziehe dich zurück auf die Referenzpizza und dass du keine unschönen Pizzastücke akzeptieren kannst.

- *Ich würde gern weitere Pizzarezepte einführen. Soll ich das tun?*

Das Thema dieses Spiels lautet Kanban. Verwende deine Zeit und Energie also lieber darauf, die Prinzipien und Praktiken von Kanban zu vertiefen. Das Spiel beinhaltet bereits zwei einfache, aber unterschiedliche Workflows. Dies ist ausreichend, um alle Kanban-Praktiken hervorzubringen. Das Hinzufügen weiterer Rezepte würde die Lernerfahrung nicht anreichern. Tatsächlich gibt es bereits jetzt Teams, die mit den beiden existierenden Rezepten ins Straucheln kommen. Diese würden mit der Komplexität zusätzlicher Rezepte nicht mehr zurechtkommen.

- *Darf ich die Lead Time messen?*

Ja, die Lead Time zu messen und grafisch darzustellen, kann sehr interessant und konstruktiv sein. Platziere dafür eine laufende Stoppuhr sichtbar während des gesamten Spiels. Du kannst diese zwischen den Runden anhalten, setze sie jedoch nicht zurück! Bitte jedes Team, die Zeit beim Akzeptieren und Ausliefern von Bestellungen auf dem jeweiligen Bestellzettel zu notieren. Sie müssen dann die Anzahl der Sekunden für jede Lieferung berechnen sowie den Durchschnitt für a) alle gelieferten Bestellungen oder für b) alle gelieferten Pizzen.

Stolperfallen

Als Experten einer Materie tendieren wir gern dazu, ganz viel unseres Wissens preiszugeben. So kann es dir als Kanban-Experte leicht passieren, dass du den Teilnehmern viel zu viel Theorie über Prinzipien und Praktiken zu Beginn des Spiels mitgeben möchtest. Versuche bitte, das zu vermeiden. Ziel des Spiels ist die Erfahrung und die daraus folgenden Learnings für die Teilnehmer. Die theoretischen Prinzipien und Praktiken können gern abschließend im Debriefing nachgeliefert werden.

Quelle

Das Kanban Pizza Game wurde von Ralf Kruse initial auf der Play-4Agile 2012 entwickelt. Es steht unter der Creative Commons Attribution-NonCommercial-ShareAlike 4.0 International License und gehört zum geistigen Eigentum der agile42 International GmbH.

Die Originalbeschreibung des Spiels findest du auf [AGILE42-KP], der Seite von agile42. Dort sind auch die PDFs zum Ausdrucken verlinkt für die Bestellkarten und den Ofen. Der Foliensatz zum Spiel ist dort ebenfalls zu finden.

Hier der direkte Link auf die Seite:
https://www.agile42.com/en/training/kanban-pizza-game/

Die Spielbeschreibung in diesem Buch ist zum Großteil eine Übersetzung der Originalbeschreibung.

Danke an Ralf Kruse und die Kollegen von agile42!

Ball Point Game

Typ: Vermittlung von empirischer Prozesssteuerung, Scrum und iterativem Vorgehen

Niveau: Verständnis der enthaltenen Prinzipien und Praktiken sollte vorhanden sein, die Moderation selbst ist mittelschwer

Teilnehmerzahl: ab 4 Teilnehmern, nach oben offen

Dauer: 30 Minuten

Learning Objectives

Die Teilnehmer lernen:

- wie *Inspect and Adapt* in Scrum funktioniert
- jedes System hat eine natürliche Velocity-Grenze
- Deming-Cycle PDCA (Plan-Do-Check-Act)

Benötigtes Material

- viele Bälle, die jeweils gut in eine Hand passen; Softbälle haben sich gut bewährt, Tennisbälle gehen ebenso gut
- Flipchart oder Whiteboard für das Debriefing
- großer Raum

Vorbereitung

Male je nach Anzahl der Teams eine Tabelle wie in Tabelle 6-2 auf das Flipchart oder Whiteboard.

Tabelle 6-2: Die Flipchart-Tabelle für die Anzahl der Bälle

	Runde 1	Runde 2	Runde 3	Runde 4
Team A				
Team B				
Team C				
...				

Auf ein weiteres Flipchart schreibst du die Regeln (siehe unten), sodass sie für die Teams immer sichtbar sind.

Ablauf und Moderation

Gib den Teilnehmern zunächst eine Übersicht über das Ziel: »Ihr seid nun eine Fabrik für magische Bälle. Ich habe hier einen Sack (oder Eimer) voll mit Bällen. Die müsst ihr mit magischen Kräften aufladen, damit wir sie an unseren Kunden liefern können.«

Erkläre dann die Regeln des Spiels:

- »Jeder von euch gehört zum Produktionsteam.«
- »Jeder Ball benötigt bei der Weitergabe Zeit in der Luft.«
- »Jeder Ball muss mindestens einmal von jedem von euch berührt werden.«

- »Ihr dürft einen Ball niemals an euren direkten rechten oder linken Nachbarn weitergeben.«
- »Jeder Ball muss zu der Person zurückgeführt werden, die ihn in das System hineingebracht hat.«
- »Wenn eine dieser Regeln verletzt wird, verliert der Ball sofort seine magische Energie und gilt als neuer Ball.«

Möglicherweise wirst du gefragt, ob die Teilnehmer dabei stehen oder sitzen sollen, ob sie die Bälle werfen dürfen, ob sie eine bestimmte Reihenfolge einhalten müssen, und beliebige andere Verständnisfragen. In den meisten Fällen lautet deine Antwort: »Außer den gerade erklärten Regeln gibt es keine weiteren. Wie ihr euch organisiert, bleibt euch überlassen.«

Gib dem Team zwei Minuten zur Vorbereitung: »Ihr habt nun zwei Minuten Zeit, um euch zu überlegen, wie ihr euer Produktionssystem aufstellen möchtet.«

»Okay. Bitte gebt mir jetzt noch eine Schätzung, wie viele Bälle ihr in zwei Minuten produzieren könnt.«

Schreibe die Schätzungen klein und in Klammern in die jeweiligen Zellen der Tabelle.

»Ihr habt ab jetzt zwei Minuten Zeit, Bälle zu produzieren. Los geht's.«

Nach zwei Minuten fragst du, wie viele Bälle die Teams produziert haben. Es wird ganz oft passieren, dass die Teams keine Ahnung haben, da sie nicht daran gedacht haben, die fertigen Bälle zu zählen. In diesem Fall bleibst du hart und wertest das als null produzierte Bälle. Schreib die Anzahl der Bälle wieder in die Tabelle.

»Ich gebe euch nun eine Minute, um zu besprechen, wie ihr euren Prozess verbessern möchtet. Macht bitte eine Retrospektive.«

Nach einer Minute kannst du kurz abfragen, welche Verbesserung die Teams identifiziert haben.

»Wir starten die nächste Runde. Bitte nennt mir eure Schätzungen.«

Das Ganze spielst du über vier Runden und füllst währenddessen die Tabelle.

Hinweise

Wirf zwischen den Runden gern ein paar Aussagen in den Raum. Beispiele:

- »Nehmt in eurer Retrospektive mal die Perspektive eines Balls ein. Wo gibt es unnötige Bewegung? Wo kommt es zu Verzögerungen im Ablauf?«
- »Den Rekord hält übrigens ein Team aus Hintertupfingen mit 280 Bällen!«
- »Versucht nicht, euer System mit kleinen Änderungen zu optimieren. Experimentiert mal mit radikalen Änderungen!«

Manche Teams werden dich fragen, ob sie heruntergefallene Bälle wiederverwenden dürfen. Andere Teams werden heruntergefallene Bälle einfach liegen lassen. Es obliegt dir, wie viel Hilfestellung du den Teams geben möchtest. Wir bevorzugen, immer wieder zu betonen, dass es außer den genannten Regeln keine Einschränkungen gibt.

Debriefing-Tipps

Es gibt eine Reihe von Fragen, die du den Teilnehmern stellen kannst:

- »Was ist während des Spiels passiert?«
- »Welche Runde hat sich für euch am besten angefühlt?«
- »Habt ihr einen Rhythmus oder einen Flow erlebt?«
- »An welcher Stelle gab es für euch eine nennenswerte Verbesserung?«

Erkläre den Teilnehmern die Prinzipien der Learning Objectives dieses Spiels.

Quelle

Dieses Spiel stammt von Boris Gloger, der es auf dem Scrum Trainer Gathering 2008 vorgestellt hat [GLOGER]. Kane Mar hat auf seinem Blog initial über das Spiel berichtet [MAR].

Summer Meadows

Typ: Simulation: Detailed Requirements versus Product Vision

Niveau: fortgeschritten

Teilnehmerzahl: 4 bis 12

Dauer: 10 bis 15 Minuten

Learning Objectives

Detailanforderungen versus kurze Produktvision: unterschiedliche Auswirkungen auf das Endprodukt.

Benötigtes Material

- je 2 Marker in Grün, Blau, Rot und Schwarz
- 2 Flipchart-Blätter
- ausgedruckte Produktvision: »Malt eine schöne Sommerwiese mit blauen und roten Blumen auf grünem Gras, ein paar Kühe und Vögel unter einer strahlenden Sonne.«
- ausgedruckte Detailanforderung: »Malt eine Wiese im Sommer mit
  - 10 blauen Blumen mit jeweils 5 Blättern,
  - 5 blauen Blumen mit jeweils 6 Blättern,
  - 13 roten Blumen mit jeweils 6 Blättern,
  - 2 Kühen mit 3 schwarzen Flecken,
  - 1 Kuh mit 5 schwarzen Flecken,
  - 2 Kühen mit 4 schwarzen Flecken,

- 2 Vögeln in der oberen linken Ecke,
- 3 Vögeln in der Mitte,
- 1 Sonne rechts oben mit 5 Sonnenstrahlen.«

Vorbereitung

Drucke die beiden Anforderungen (Vision und Details) jeweils auf einem Blatt Papier aus. Stell zwei Flipcharts oder zwei Tische so bereit, dass zwei Gruppen unabhängig voneinander daran arbeiten können.

Ablauf und Moderation

Teile die Teilnehmer in zwei Gruppen auf und sage ihnen, dass sie in dieser Übung ein Bild malen werden, ohne dabei zu reden. Sie werden dabei nur eine Minute Zeit bekommen, das Bild zu vollenden.

Verteile die bereitgelegten Marker und das Flipchart-Blatt an die Gruppen. Gib dann einer Gruppe die ausgedruckten Detailanforderungen und der anderen Gruppe die Produktvision.

Stell einen sichtbaren Timer auf 60 Sekunden und lass die Gruppen ihre Bilder malen.

Nachbereitung

Lass die Teilnehmer gegenseitig ihre Ergebnisse betrachten und frage sie, was ihnen dabei auffällt.

Typischerweise ist das Bild der Produktvision gut genug und als Sommerwiese erkennbar, während das Bild mit den Detailanforderungen einen eher abstrakten Charakter hat, nicht vollständig nach Spezifikation umgesetzt ist und wenig von einer Sommerwiese erkennen lässt.

Übertrage diese Erkenntnis nun auf Softwareentwicklung mit einer Produktvision einerseits und detaillierten Requirement-Listen andererseits.

Hinweise

Manche Teilnehmer konstatieren, dass ihnen das abstrakte Bild besser gefalle. Äußere dann gern, dass Kunst immer im Auge des Betrachters läge und das Bild der Produktvision deutlich klarer eine Sommerwiese darstelle.

Debriefing-Tipps

Stell den Teilnehmern folgende Fragen:

- »Wie seid ihr in der jeweiligen Gruppe vorgegangen?«
- »Auf was habt ihr euch konzentriert? Was war euer Fokus?«
- »Was hat diese Übung mit Produktentwicklung bzw. Softwareentwicklung zu tun?«
- »Welche Erkenntnis könnt ihr mitnehmen und in euer Arbeitsumfeld transferieren?«

Quelle

Das Spiel wurde 2009 von David Barnhold entwickelt [BARNHOLD].

Papierfliegerfabrik

Typ: Simulation zu crossfunktionalen Teams und Push versus Pull

Niveau: hoch (erfahrungsgemäß muss hier der Spieltrieb der Teilnehmer eher gebremst werden ...)

Teilnehmerzahl: 6 Teilnehmer pro Team

Nach oben ist hier keine Grenze gesetzt. Große Ballsäle voll mit mehreren Hundert Teilnehmern und vielen, vielen Papierfliegern sind ein unvergesslicher Anblick :D

Dauer: ca. 30 Minuten

Learning Objectives

Hier werden die Schwierigkeiten der klassischen Aufgabenteilung geschickt aufs Korn genommen. Die Teilnehmer sehen und erleben den Unterschied zwischen klassischer Aufgabenteilung und crossfunktionalen Teams. Und haben viel Spaß dabei.

Benötigtes Material

- zunächst einmal viel Papier (man sollte pro Teilnehmer ca. 50 Blatt rechnen, was also bei 10 Teilnehmern schon einer Packung Kopierpapier entspricht)
- 1 Tisch pro 6 Teilnehmer
- 2 Timer/Stoppuhren pro 6 Teilnehmer
- 1 Marker pro 6 Teilnehmer
- Flipchart o. Ä., um die Ergebnisse festzuhalten

Vorbereitung

Bilde Teams von sechs Teilnehmern, die sich jeweils an einen Tisch setzen. Jedes Team entscheidet, welche vier Teammitglieder arbeiten und welche zwei managen.

Die Manager benötigen jeweils einen Timer. Die Arbeiter setzen sich so in eine Reihe, dass eine Produktionslinie entsteht.

»Ihr habt nun die Aufgabe, Papierflieger zu produzieren. Es gibt vier Stationen in eurer Produktionslinie, die von den vier Arbeitern besetzt werden.«

Zeige den Teams, an welcher Station welche Arbeitsschritte durchzuführen sind (siehe Abbildung 6-4).

Station 1
: Falte das Papier der Länge nach zur Hälfte.

Station 2
: Nimm das gefaltete Papier von Station 1, offene Seite nach oben, und falte zwei Ecken nach unten in ein Dreieck (eine auf jeder Seite des Papiers), um die Nase des Flugzeugs zu bilden.

Station 3

Falte wiederum auf beiden Seiten die beiden Ecken nach unten für eine spitzere Nase und für einen Teil des Flügels und zeichne auf beiden Seiten einen Stern auf die Rückseite des Flugzeugs. Beachte genau, wie der Stern aussehen muss.

Station 4

Falte die Flügel und teste das Flugzeug, indem du sicherstellst, dass es über den Tisch fliegt.

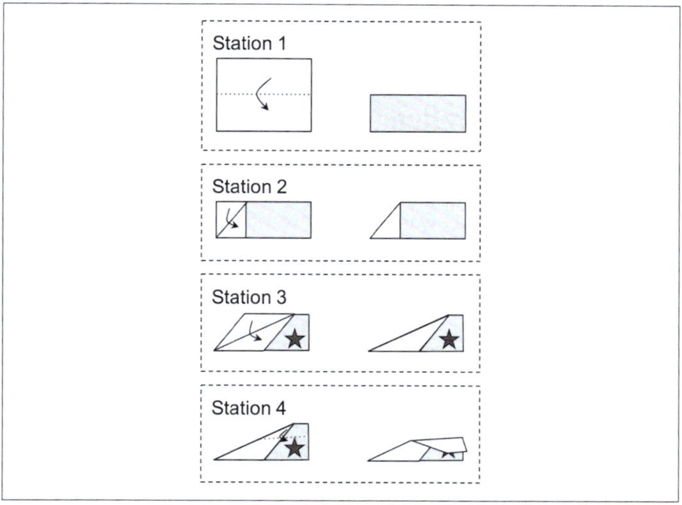

Abbildung 6-4: Arbeitsschritte der einzelnen Arbeitsstationen

Lass die Teilnehmer erst mal das Falten üben, damit sie genau wissen, wie das Flugzeug produziert wird.

Erkläre dem ersten Manager der Teams, dass es seine Aufgabe ist, die Gesamtdauer zu ermitteln, um zehn Flugzeuge zu produzieren: »Startet euren Timer, wenn ich ›Los geht's‹ sage, und stoppt ihn, sobald Station 4 alle zehn Flugzeuge getestet hat.«

Erkläre dem zweiten Manager, dass er für die Messung der Cycle Time eines einzelnen Flugzeugs zuständig ist: »Es befindet sich ein

Blatt Papier in dem Teamstapel, auf das ich ein großes rotes X gemalt habe. Startet euren Timer, sobald dieses Blatt auf Station 1 in Arbeit genommen wird. Stoppt euren Timer, wenn dieses Flugzeug von Status 4 getestet wurde.«

An alle Arbeiter: »Wichtig in eurer Produktionskette ist, dass ihr nach einer strikten First-in-First-out-Regel arbeitet. Das bedeutet, wenn sich beispielsweise zwischen Station 2 und 3 mehrere Flugzeuge stapeln, muss Station 3 die Flugzeuge in der Reihenfolge aufnehmen, in der sie von Station 2 abgeliefert wurden.«

Sobald allen Teilnehmern klar ist, welche Aufgabe sie haben, kann die erste Runde beginnen.

Ablauf und Moderation

Runde 1

Diese Runde simuliert, was passiert, wenn wir die laufende Arbeit nicht einschränken. »Euer Ziel ist, so schnell wie möglich zu arbeiten. Achtet trotzdem auf die Qualität, wir wollen funktionierende Flugzeuge ausliefern!«

Gib jedem Team einen Stapel Papier mit 50 Blättern. Markiere das sechste Blatt von oben mit einem großen roten X.

Starte die Runde und stell sicher, dass der erste Manager seinen Timer startet. Ermutige die Teams, schnell zu arbeiten. Erinnere den zweiten Manager daran, seinen Timer zu starten, wenn das markierte Blatt ins Rennen geht.

Achte darauf, dass die Teams in der richtigen Reihenfolge arbeiten, wenn sich Flugzeuge zwischen den Stationen stapeln, insbesondere zwischen den Stationen 1 und 2 und den Stationen 2 und 3. Achte auch darauf, dass die erste Station nach dem zehnten Blatt weiterfaltet – schließlich soll so schnell und so viel wie möglich produziert werden.

Sobald ein Team zehn Flugzeuge fertiggestellt hat, bitte die Produktionslinie, den Betrieb einzustellen. »Zählt nun bitte die unvollständigen Flugzeuge, die sich gerade in eurer Produktionslinie befinden.« Frage die Manager nach der Gesamtzeit und der Zykluszeit für das markierte Flugzeug. Halte die Ergebnisse für jedes Team in einer Tabelle wie in Tabelle 6-3 auf einem Flipchart fest.

Tabelle 6-3: Übersicht über die Ergebnisse der Teams

		WiP am Ende	Gesamtzeit	Cycle Time
Runde 1	Team 1			
	Team 2			
	Team ...			
Runde 2	Team 1			
	Team 2			
	Team ...			

Wenn alle Teams fertig und die Ergebnisse aufgeschrieben sind, werden alle Stationen leer geräumt, sodass die nächste Runde von vorne starten kann.

Runde 2

»Wir werden in der zweiten Runde nur eine kleine Änderung einführen. Wir werden die Anzahl des ›Work in Progress‹ begrenzen. Jede Station darf jetzt nur noch ein einziges Flugzeug in Arbeit haben. Das bedeutet, dass Station 1 nicht mit dem Falten beginnen darf, bis Station 2 das vorherige Ergebnis von Station 1 selbst in Arbeit genommen hat. Dies gilt für jede Station. Zwischen den Stationen werden keine Warteschlangen aufgebaut, das heißt, wir werden keine herumliegenden Flugzeuge mehr zwischen den Stationen sehen.«

Gib jedem Team erneut einen Stapel Papier und markiere das sechste Blatt von oben wieder mit einem roten X.

Starte die Runde und achte diesmal darauf, dass die Leute ihr WiP-Limit einhalten. Möglicherweise musst du sie daran erinnern, nicht, wie in der ersten Runde, so schnell wie möglich zu falten. Konzentriere dich dafür auf Station 1, da diese das Tempo für den Rest der Gruppe bestimmt.

Notiere am Ende der Runde wieder die Ergebnisse auf dem Flipchart.

Nachbereitung

Gemeinsames Aufräumen des ganzen Altpapiers.

Stolperfallen

Es gibt immer wieder Teilnehmer, die das Argument bringen, dass die Produktivität in Runde zwei daran läge, dass das Team in Runde eins viel Erfahrung mit den einzelnen Arbeitsschritten gewonnen habe. In diesem Fall kannst du eine dritte Runde mit den Regeln der ersten Runde spielen lassen, um die Ergebnisse zu vergleichen und die Effekte deutlich zu machen.

Debriefing-Tipps

Zeige den Teams die Ergebnisse der beiden Runden und frage: »Was könnt ihr an den Werten dieser Tabelle ablesen?« Normalerweise sind Zykluszeit und Gesamtzeit in Runde zwei viel kürzer. Die Anzahl der unfertigen Arbeiten wird sich in der zweiten Runde auf nur zwei oder drei Flugzeuge beschränken.

- Stell den Teams weitere Fragen zum Debriefing:
- »Was überrascht euch an diesen Ergebnissen?«
- »Was ist der Grund für die Produktivitätssteigerung in der zweiten Runde?«
- »Welche Auswirkungen würde diese Arbeitsweise auf eure eigene Arbeit haben?«
- »Wie habt ihr euch in den einzelnen Runden gefühlt?«
- »Wie viel Stress hattet ihr in den beiden Runden?«
- »Welche dieser beiden Arbeitsweisen entspricht eher eurem aktuellen Arbeitsumfeld?«

Quelle

Von Marc erstmals auf dem Agile Coach Camp Germany 2010 gespielt. Dieses Spiel gibt es in Dutzenden Varianten in der agilen Community. Eine originäre Quelle ist nicht mehr bekannt.

Frühstückstoast

Typ: Einführung in System Thinking und Workflow Visualization

Niveau: relativ leicht zu moderieren

Teilnehmerzahl: beliebig

Dauer: 15 bis 30 Minuten

Learning Objectives

Die Teilnehmer erkennen, dass jedes Individuum eine eigene Perspektive selbst auf einfachste Dinge hat. Auf diese Erkenntnis kann später immer wieder referenziert werden, wenn im Team unterschiedliche Ansichten zu Fragestellungen herrschen.

Benötigtes Material

- 1 Blatt Papier und 1 Stift pro Teilnehmer
- Haftnotizen
- Klebeband

Vorbereitung

Stell die Materialien bereit (Stifte, Papier, Haftnotizen, Klebeband) und sorge dafür, dass eine Wand im Raum beklebt (besser noch: bemalt) werden kann.

Ablauf und Moderation

Phase 1: Einführung

Verteile Stifte und Papier an alle Teilnehmer und bitte um Folgendes: »Malt ein Bild davon, wie man einen Frühstückstoast herstellt. Ich gebe euch ein paar Minuten Zeit dafür.«

Starte den Timer mit zwei oder drei Minuten.

Manche Teilnehmer werden dich fragen, in welcher Form sie das machen sollen. Diesen sagst du: »Das bleibt völlig euch überlassen. Malt einfach ein Bild, wie man einen Frühstückstoast macht, so wie ihr es darstellen würdet.«

Lass nach Ablauf der Zeit alle Teilnehmer ihre Zeichnung hochhalten, damit alle sie sehen können. Es darf gern gelacht werden. Jeder Teilnehmer soll nun ein Bild an die Wand kleben und etwas zu seinem Ergebnis sagen.

Gehe auf einige der Bilder ein, zeige auf, welche einfach und welche komplex sind, welche visuell und welche textuell gestaltet sind und welche eher Menschen bzw. eher Technik oder Prozesse im Blick haben.

Weise die Gruppe nun auf die Erkenntnis aus dieser Simulation hin, siehe Lessons Learned oben: Die Schwierigkeit bei selbst einfachen Workflows liegt darin, die vielen verschiedenen Perspektiven aller Beteiligten unter einen Hut zu bekommen. Frage: »Welche Situationen kennt ihr aus eurem Arbeitsbereich, in denen genau dieser Aspekt für euch schwierig war? Was ist euch deswegen schwergefallen?«

Phase 2: Den eigenen Workflow modellieren

Lass die Teilnehmer nun einzeln ein erstes Bild von ihrem eigenen beruflichen Workflow/Prozess malen. Gib ihnen dafür ruhig fünf bis zehn Minuten Zeit.

»Schaut euch nun eure Ergebnisse tischweise an. Präsentiert eure Ideen und erklärt euer Modell. Vergleicht die Ergebnisse, findet heraus, welche Ähnlichkeiten und welche Unterschiede existieren. Identifiziert die Gemeinsamkeiten.«

Auch hier kannst du gern fünf bis zehn Minuten Zeit geben.

Lass die Gruppe nun mithilfe von Haftnotizen und gezeichneten Verbindungen ein Systemdiagramm des eigenen Prozesses an der Wand entwickeln. Basierend auf den Teilergebnissen der Tische, wird so relativ schnell ein umfangreiches Modell des Workflows entstehen.

Nachbereitung

Mach ein paar Fotos von der Wand und auch von den Toast-Bildern der Teilnehmer. Das gemeinsam erschaffene Prozessbild ist eine sehr gute Basis, um darauf aufbauend einen Kanban-Workflow abzuleiten. Vereinbare gegebenenfalls Folgetermine mit dem Team.

Quelle

Das Spiel basiert auf »Draw How To Make Toast« von Tom Wujec [WUJEC-DT].

Snowflakes

Typ: Simulation von iterativer Product Discovery

Niveau: erfordert etwas Übung in hektischen Situationen, da du zwei Rollen parallel einnimmst: Moderator und Kunde

Teilnehmerzahl: mindestens 4, nach oben offen, falls genügend Tische und Moderatoren vorhanden sind

Dauer: 60 Minuten, kann durch weitere Iterationen auf 90 Minuten verlängert werden

Learning Objectives

- Customer Discovery ist eine Aktivität für das ganze Team (Product Owner können Entwicklern ein falsches Sicherheitsgefühl vermitteln).
- Ihr müsst das Gebäude verlassen (oder in diesem Fall den Tisch), um herauszufinden, wofür die Kunden zu zahlen bereit sind.
- Lieferdruck mit kreativer Arbeit lässt die Menschen das große Ganze vergessen.
- Wirtschafts- und Lerngemeinschaften funktionieren besser, wenn wir zusammenarbeiten und uns mit mehr Menschen austauschen (Tische müssen keine isolierten Inseln bleiben).

- Abfall entsteht aus der Annahme, dass wir das gesamte Blatt verwenden müssen und dass das Volumen wichtiger ist als die Customer Discovery.
- Es muss überhaupt nichts unternommen werden, um die Akzeptanzkriterien zu lernen. Geht einfach zum Moderator und fragt: »Wonach suchst du?« Antwort: »Schönheit, Symmetrie, Kompliziertheit, runde Form.«
- Die Zeit eines guten Kunden ist begrenzt und kostbar – nutze sie mit Bedacht aus.

Benötigtes Material

- ein Raum mit Tischen, an denen jeweils 4 bis 8 Teilnehmer Platz nehmen können
- Spielgeld, 100 Stück mit jeweils 1 Einheit Geld (Euro)
- Stapel Papier (DIN-A4-Druckerpapier)
- 2 Scheren pro 4 Teilnehmer
- Timer, Stoppuhr
- Stifte und Flipchart für jeden Tisch
- optional: Kleber, um Schneeflocken an die Wand zu hängen

Vorbereitung

Verteile auf jedem Tisch eine Schere, 5 Euro Spielgeld und fünf leere Blätter Papier.

Hänge an einer gut sichtbaren Stelle ein Blatt auf mit folgender Information: »Papier: 2 Blätter für 1 Euro, Schere: 3 Euro«.

Zeichne eine Tabelle für jedes Team auf ein Flipchart mit folgenden Spalten: *Iteration*, *Bargeld*, *WiP*, *Anzahl Scheren*, *Anzahl Verkäufe*, *Anzahl Blätter*.

Ablauf und Moderation

Wenn du mehr als 20 Teilnehmer hast, benötigst du einen Assistenten. Diese Rolle wird freiwillig von einem der Teilnehmer übernommen.

Während der folgenden Anmoderation stellst du selbst eine Schneeflocke her, um die Falttechnik zu zeigen: »Euer Ziel ist es, ein profitables Geschäft aufzubauen, indem ihr Schneeflocken aus Papier herstellt und verkauft. Ich zeige euch, wie ihr eine Schneeflocke in unter drei Minuten herstellen könnt:

Schneidet das Blatt Papier erst mal zu einem Quadrat. Faltet nun ein Dreieck, dann daraus ein weiteres, indem ihr es halbiert, und halbiert es dann ein weiteres Mal. Gebt dem Dreieck an der breiten Seite eine abgerundete Kante. Schneidet anschließend beliebige Formen entlang der beiden Faltkanten aus und faltet das Blatt dann auseinander, um eine Schneeflocke wie diese zu erhalten.«

Falls du nicht so der passionierte Bastler bist und dir aus der Beschreibung nicht klar ist, wie du eine Schneeflocke gefaltet und ausgeschnitten bekommst, findest du auf den bekannten Videoportalen jede Menge Anschauungsmaterial zur Verdeutlichung. Such einfach nach »Schneeflocken basteln«, und du wirst sofort fündig.

»Ihr habt nur eine begrenzte Zeit zum Schneiden – da wir nicht hier sind, um Schneeflocken herzustellen, sondern um mit der Führung eines Geschäfts zu experimentieren. Nach einer dreiminütigen Iteration machen wir eine kurze Pause, dann habt ihr weitere drei Minuten Zeit, um euch im Team abzustimmen (Sprint Planning), gefolgt von der nächsten Iteration. Wenn euch die Vorräte ausgehen, könnt ihr sie jederzeit dort drüben am Tisch kaufen. Zwei Blatt Papier kosten 1 Euro, eine Schere kostet 3 Euro. Jedes Team an einem Tisch kann selbst organisieren, wie es die Schneeflocken baut. Gibt es noch Fragen?« Falls nach Akzeptanzkriterien gefragt wird, gib ihnen den Hinweis, dass wir darüber reden werden, wenn eine Schneeflocke verkauft werden soll.

Starte nun den Timer für die erste dreiminütige Iteration.

Hinweise für den Assistenten (Achtung, teile die folgenden Informationen nicht mit den Teilnehmern!):

Minimale Akzeptanzkriterien: Die Schneeflocke muss allgemein rund sein sowie drei Symmetrieachsen und gleichmäßige, präzise Schnitte aufweisen. Zerrissenes Papier, Quadrate/Rechtecke, grobe/plumpe Ausschnitte, Papier, das von den Teilnehmern selbst zur Verfügung gestellt wurde, werden abgelehnt. Gib jedes Mal, wenn dir eine Schneeflocke präsentiert wird, ein einfaches und direktes Feedback, wie z. B.: »Ich kann diese Schneeflocke nicht kaufen, da die Kanten eingerissen sind. Die Qualität ist nicht hoch genug. Diese hier ist nicht rund genug, so kann ich sie nicht kaufen. Diese ist wunderschön – ich gebe dir einen Euro dafür!« Feilsche nicht, sondern wechsele zum nächsten Anbieter.

Bewertung der Schneeflocken: Komplizierte, einzigartige, symmetrische, schöne Schneeflocken werden für 1 bis 5 Euro gekauft. In der ersten Runde siehst du nie etwas, das mehr als 1 Euro wert ist. Bezahle selten mehr als 3 Euro. Fördere Innovationen, indem du den Leuten sagst: »Dies ist das erste Mal, dass ich eine signierte Schneeflocke sehe! Zwei Euro!« oder ähnliche Kommentare. Ermutige sie zu Kompliziertheit: »Wow – viel Platz ausgeschnitten, das gefällt mir.« Auf die Größe kommt es an – kleine Schneeflocken können oft nur zu zweit für 1 Euro gekauft werden, es sei denn, sie sind besonders kunstvoll. Bringe die gekauften Schneeflocken entweder an der Wand an oder ordne sie in der Reihenfolge von geringem zu hohem Wert auf dem Tisch an. Sag es nicht auf offensichtliche Art, sondern weise hin und wieder auf das Bewertungsschema hin, indem du eine neue Schneeflocke nach oben hältst und sagst, dass diese in der Reihenfolge »genau hierher passt, okay, 2 Euro«.

Nachbereitung

Aufräumen und »klar Tisch« machen.

Debriefing-Tipps

Beobachte, was die Teams tun, und helfe ihnen dabei, wie ein Lean Startup zu denken. Gib ihnen nur einen Hinweis pro Debrief und lass sie diesen dann für den nächsten Sprint ausprobieren. Einige Teams ignorieren, was du sagst; das ist nicht weiter schlimm. Folgende Hinweise kannst du den Teams geben:

- »Müsst ihr eine Schneeflocke ausschneiden, um Kunden-Feedback zu erhalten?«

- »Erzielt euer Team einen Gewinn?«
- »Wisst ihr, was der Kunde will?«
- »Habt ihr verfolgt, wie der Kunde die Schneeflocken bewertet, um zu sehen, was er kaufen möchte?«
- »Was passiert, wenn ihr geklonte Schneeflocken (also immer wieder die gleichen) produziert?«
- »Müsst ihr das ganze Blatt Papier verwenden?«

Quelle

Von Marc kennengelernt durch Peter Janssens bei einem gemeinsamen Kunden, basierend auf der ursprünglichen Idee von André Dhondt [DHONDT].

City Builders – Epic-Priorisierung

Typ: Vermittlung der Anwendung des Konzepts »Cost-of-Delay« für die Priorisierung von Produktportfolios.

Niveau: Verständnis der Konzepte von »Cost-of-Delay« muss vorhanden sein, die Moderation selbst ist mittelschwer

Teilnehmerzahl: ab acht Teilnehmern, bis 80 Teilnehmer möglich

Dauer: 90 Minuten

Learning Objectives

Die Teilnehmer lernen:

- wie Cost-of-Delay (CoD) angewendet wird
- welche Aspekte in die CoD-Berechnung einfließen
- wie mit Weighted-Shortest-Job-First (WSJF) eine Portfoliopriorisierung möglich ist

Benötigtes Material

- Lade die Dokumente zum Spiel auf der Seite zum Buch herunter: *www.agilecoach.de/agile-spiele-buch*.
- Lade die Datei *City Builders – Epics – German.pdf* herunter, drucke sie aus und schneide die einzelnen Epics aus. (Ein Beispiel für eine Epic-Karte siehst du in Abbildung 6-5.) Zur besseren Handhabung und Wiederverwendung kannst du die Epic-Karten laminieren. Stell für jede Gruppe (vier bis fünf Spieler) alle acht Epics bereit.
- Planning-Pokerkarten: ein Kartensatz pro Spieler mit den Werten von 1 bis 20.
- Abwischbare Marker (Whiteboard-Marker) für jeden Spieler.

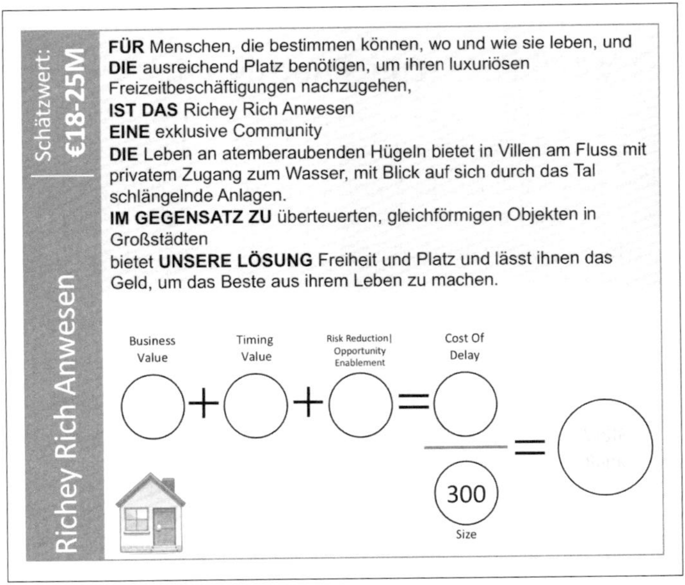

Abbildung 6-5: Die Epic-Karte für das Anwesen Richey Rich als Beispiel

Vorbereitung

Die Präsentation *City Builders – Modul 1 – Presentation – German.pptx* enthält sowohl Folien für die theoretische Einführung als auch Folien, mit denen das Spiel vorbereitet, durchgeführt und debrieft wird.

Ablauf und Moderation

Einführung und Kontext

Gib einen ganz kurzen Überblick über Weighted-Shortest-Job-First, sodass es gerade genug Theorie ist, aber nicht zu viel. Es spielt keine Rolle, ob du 5 oder 20 Minuten damit verbringst, die Theorie zu erklären – die Teilnehmer werden noch nicht genau verstehen, was du von ihnen möchtest. Sie werden es herauszufinden, sobald sie WSJF im Spiel anwenden.

> **Weighted-Shortest-Job-First (WSJF)**
>
> »Denken Sie unbedingt daran, dass wir eine Ressource blockieren, wenn wir einen Auftrag ausführen. Der Vorteil der sofortigen Ausführung eines Auftrags ist die Einsparung seines Cost-of-Delay. Seine Kosten entsprechen der Dauer, während der die Ressourcen blockiert sind. Sowohl Kosten als auch Nutzen müssen in eine wirtschaftlich korrekte Reihenfolge gebracht werden.« *Don Reinertsen*
>
> Zum leichteren Kommunizieren empfiehlt es sich, WSJF schlicht »Wisjif« auszusprechen (mit englischem »j«).

Erkläre den Teilnehmern den Kontext, in dem diese Simulation abläuft: »Ihr seid eine Immobilienbaufirma und habt Land gekauft, das ein paar Stunden Fahrt von der nächstgrößeren Stadt entfernt liegt. Dort plant ihr den Bau einer Satellitenstadt. Ihr werdet Geld verdienen, indem ihr Häuser und Geschäfte baut und verkauft. Euer Ziel ist natürlich, eine blühende Stadt aufzubauen, indem ihr zuerst

Cost-of-Delay (CoD)

»Cost-of-Delay wird berechnet, indem bewertet wird, welche Auswirkungen es hat, wenn Sie etwas nicht haben, wenn Sie es benötigen. Ein typisches Beispiel sind die Kosten, die anfallen, während auf die Lieferung einer Lösung gewartet wird, die die Effizienz verbessert. Es sind die Opportunitätskosten, die entstehen, wenn man das Gleiche jetzt hat oder es später bekommt.« *Josh Arnold*

Komponenten von CoD:

- User und Business Value
- Time Criticality
- Risk Reduction und Opportunity Enablement

die Menschen bedient, die eure Immobilien gern kaufen möchten. Dafür müsst ihr herausfinden, in welcher Reihenfolge ihr die Immobilien bauen wollt. Ihr verfügt über angemessene, aber nicht endlose Liquidität, sodass die Generierung eines Cashflows eine hohe Priorität hat.

Eure Marktforscher haben die ersten neun Bauprojekte für die Stadt ermittelt, und ihr habt ausreichend geforscht, um potenzielle Renditen und den damit verbundenen Aufwand einzuschätzen. Diese Bauprojekte sind »Epics«, und euer Ziel ist es, das Prinzip Weighted-Shortest-Job-First (WSJF) anzuwenden, um sie zu priorisieren.«

Erkläre, dass alle Epics als »gute Ideen« im Trichter gelandet sind und die Teilnehmer jetzt eine vorläufige WSJF-Bewertung durchführen müssen. Mit dieser Bewertung sollen sie herausfinden, welche Epics das Portfolio-Kanban durchlaufen werden. Die Teilnehmer sollen so vorgehen:

1. »Bestimmt den Wert für Risk Reduction und Opportunity Enablement für jedes Epic durch relatives Schätzen (›1‹ bedeutet ›hat das geringste indirekte Wertversprechen‹).
2. Bestimmt den Wert für Timing Criticality für jedes Epic durch relatives Schätzen (›1‹ ist am wenigsten zeitkritisch).

3. Bestimmt den Business Value für jedes Epic durch relatives Schätzen (›1‹ hat den geringsten Business Value).
4. Macht die Rechnung für jedes Epic und sortiert sie dann vom höchsten zum niedrigsten WSJF-Wert.«

Gib jedem Teilnehmer einen Satz Planning-Pokerkarten, nur bestehend aus den Werten 1, 2, 3, 5, 8, 13 und 20.

Erkläre den Teilnehmern, dass sie sich jeweils nur auf eine CoD-Komponente konzentrieren sollen, beginnend mit Risk Reduction/Opportunity Enablement. Ihre Aufgabe ist es, für die jeweilige CoD-Komponente »die 1 zu finden« und dann mithilfe der Planning-Pokerkarten die restlichen Epics im Verhältnis zur 1 zu sortieren.

Stell den Timer nun auf 45 Minuten ein.

»Also, los geht's. Sucht jetzt erst mal das Epic raus, dem ihr für Risk Reduction/Opportunity Enablement eine 1 geben wollt.«

Während des Spiels

Laufe ständig präsent im Raum herum und sei bereit, Fragen zu beantworten. Unterstütze die Teilnehmer dabei, nach etwa 25 Minuten ein Ergebnis für die CoD-Komponente Risk Reduction/Opportunity Enablement zu erarbeiten.

Lass es zu, dass die Teilnehmer Fehler machen! Sie werden ins Straucheln geraten, wenn sie versuchen, die einzelnen Aspekte der Epics auseinanderzuhalten. Dies gehört zum Lernprozess dazu.

Jede Gruppe hat drei Schlüsselmomente im Spiel, bei denen du ihnen durch proaktive Interventionen sehr helfen kannst:

- Nach etwa sieben bis acht Minuten sollten sie alle ihre Epic-Karten gelesen und die 1 für Risk Reduction/Opportunity Enablement gefunden haben. Der richtige Zeitpunkt für deine Unterstützung ist gekommen, wenn die Teilnehmer entweder um die 1 kämpfen oder bereits ein paar Karten weit im Prozess sind. Grundlegende Fragen wie z.B. »Was trägt am wenigsten zum Gesamterfolg der Stadt bei?« sind hilfreich. Manche Gruppen haben vielleicht Probleme damit, die Fragen zu differenzieren: »Wie riskant ist das Epic?« versus »Wie sehr verringert das Epic das Risiko für die Stadt?«. Ein nützliches Beispiel ist der Hinweis darauf, dass eine Karte für »Grundlegende Dienste« mit Polizei und Feuerwehr einen sehr hohen Risikominderungswert hätte.

- Wenn die Gruppe zur Komponente *Time Criticality* übergeht, kannst du sie beim Perspektivwechsel unterstützen. Sie suchen jetzt für die 1 die Karte, die am wenigsten zeitkritisch ist. Einige der Epics enthalten spezielle Hinweise zur Zeitkritikalität (in roter Schrift direkt unter dem Elevator Pitch). Wenn sie damit Schwierigkeiten haben, nutze die Epics *Monster Mall* und *Extreme Technology Park*, um dies zu veranschaulichen. Es gibt einen Hinweis bei der Monster Mall, dass bei frühzeitiger Nutzung Rabatte gegeben werden müssen. Es ist also klar, dass die Fertigstellung später wertvoller ist und sie ein Hauptkandidat für die 1 ist. Ebenso gibt es einen Hinweis beim Technologiepark, dass ein Angebot auf dem Tisch liegt, wenn die Bauarbeiten innerhalb von drei Monaten abgeschlossen sind, was ihn zu einem Hauptkandidaten für die 20 macht.
- Die letzte CoD-Komponente *User und Business Value* ist beinahe trivial. Es gibt dazu einen deutlichen Hinweis oben links auf den Karten.

Einige Gruppen werden Schwierigkeiten haben, rechtzeitig zu einem Ergebnis für die einzelnen Komponenten zu kommen. Hilf ihnen dann dabei, von einer gemeinsamen Entscheidung schnell zu einem einfachen Mehrheitsentscheid zu wechseln. Bei Bedarf machst du dafür eine klare Ansage: »Ihr verzettelt euch gerade zu sehr in Detaildiskussionen. Stimmt bitte einfach per Handzeichen ab, ob ihr mit dem momentanen Ergebnis leben könnt. Die Mehrheit gewinnt.«

»Jetzt habt ihr alle Werte für die CoD-Komponenten ermittelt. Rechnet bitte den WSJF-Wert aus und schreibt ihn als Ergebnis auf die Epics. Nach diesem Wert sortiert ihr dann eure Epics vom höchsten zum niedrigsten Wert.«

Das finale Ergebnis der Gruppe ist nun eine eindeutige Reihenfolge der Karten vom höchsten zum niedrigsten WSJF-Wert.

Hinweise

Erzähle den Spielern gern mehrfach, dass sie damit Geld verdienen, dass sie die Immobilien verkaufen, und nicht damit, dass sie sie selbst betreiben. Die Menschen kommen immer wieder schnell durcheinander, wenn sie an »laufende Gewinne« und »operativen Betrieb« denken.

Debriefing-Tipps

Starte die Nachbesprechung damit, dass jede Gruppe ihre endgültige Liste vorliest. Es kann durchaus erstaunte Blicke im Raum geben, wenn die Gruppen feststellen, dass sie fast identische Ergebnisse erzielt haben.

Stell nun die Frage: »Was haltet ihr von den Ergebnissen?« Die Antwort ist meist nicht sehr positiv, und die Teilnehmer antworten relativ unzufrieden: »Wir bauen all diese Firmen und Geschäfte, und niemand wohnt dort.« Dies ist der Moment, um sie daran zu erinnern, in Value Streams zu denken, um strategische Investment-Overlays anzubieten: »Offensichtlich haben wir hier einen privaten und einen kommerziellen Wertstrom (wie durch die Einkaufswagen- und Haussymbole auf den Epic-Karten angezeigt). Wir können eine strategische Entscheidung treffen, wie sehr wir uns auf jeden einzelnen Value Stream konzentrieren.« Lass sie ihre Liste in eine Wohn- und eine Gewerbeliste aufteilen (unter Beibehaltung der Prioritätsreihenfolge). Damit haben sie ihre Prioritäten für jeden Wertstrom.

Gehe danach in eine etwas freiere Konversation. Stell die Frage: »Was hat euch an der Übung gefallen?« Nutze die Antworten, um folgende Punkte anzusprechen:

Der Wert eines Modells zur Einführung von Objektivität

Priorität ist eine so leidenschaftliche und persönliche Angelegenheit und hat so viele Faktoren, dass es schwierig ist, darüber zu kommunizieren. Indem einzelne Aspekte (wie in diesem Fall die CoD-Komponenten) getrennt betrachtet werden, ist es leichter, eine gemeinsame Sichtweise zu finden.

Der Wert des gemeinsamen Verständnisses dessen, was Wert (Business Value, Time Value usw.) wirklich ist

Es wird im Laufe der Zeit viel einfacher, ein gemeinsames Verständnis von Wert zu entwickeln, da die Gruppe die Bedeutung von Business Value, Time Criticality usw. geklärt und verinnerlicht hat.

Die Notwendigkeit einer Vision

Viele Gruppen philosophieren während eines Großteils der Übung über die Frage: »Was für eine Stadt bauen wir?« Dies zeigt die große Bedeutung einer Portfoliovision sowie ihren Einfluss auf die Portfoliopriorisierung.

Der Wert des Dialogs in der gesamten Gruppe

Dialog ist entscheidend, um zu einem gemeinsamen Verständnis zu gelangen, Annahmen zu klären und den Effekt »die lauteste Stimme dominiert« zu vermeiden.

Quelle

Dieses Spiel basiert auf »SAFe City Module 1 – The EPIC Portfolio« von Mark Richards [RICHARDS]. Es wurde von Marc Bleß absichtlich »entSAFet«, da wir ein Framework-agnostisches Spiel benötigen, das die Anwendung von Cost-of-Delay und Weighted-Shortest-Job-First zum Lernziel hat. Vertiefende Informationen und Grundlagen zu Cost-of-Delay und WSJF findest du bei [REINERTSEN].

Die erwähnten Dokumente findest du im Downloadbereich zu diesem Buch unter *www.agilecoach.de/agile-spiele-buch*.

KAPITEL 7

Energizer

»Ob ich alt bin? Mein Kind, ich werde alt sein an dem Tag, da ich nicht mehr spielen mag.«

– Paul Schibler (1930–2015), Schweizer Aphoristiker

Manchmal ist irgendwie die Luft raus, der Energie- und Aktivitätslevel der Teilnehmer ist sehr niedrig, die Leute sind nach einer längeren Theorieeinheit ermüdet, oder alle verdauen das Mittagessen gerade im Suppenkoma. Mit den hier vorgestellten Energizern bekommst du wieder Bewegung in die Gruppe und damit frischen Sauerstoff ins Gehirn.

Happy Salmon

Niveau: leicht

Teilnehmerzahl: für 6 Personen (mit mehr Spielsets beliebig erweiterbar)

Dauer: in einer Minute erklärt, in einer Minute gespielt

Benötigtes Material

Benötigt wird das Spiel »Happy Salmon« [HAPPYSALMON]. Mittlerweile können weitere Kombinationen mit anderen Variationen gespielt werden. Die Anzahl der Aktivitäten nimmt dadurch zu (siehe »Happy Planet« auf der Homepage des Spiels).

Alternativ können auch die Spiele *Lucky Lachs* und *Funky Chicken* von KOSMOS erworben werden. Gleiches Prinzip, andere Inhalte.

Vorbereitung

In der Basisversion enthält das Spiel vier verschiedene Aktivitätsmuster, die jeweils auf den Karten abgebildet sind. Jedem Teilnehmer wird ein Kartenstapel mit je drei Karten für jede der vier Aktivitäten, also zwölf Karten, ausgehändigt. Jeder Teilnehmer mischt seinen Stapel und hält ihn verdeckt in der Hand.

Ablauf und Moderation

Auf ein Zeichen des Spielleiters decken alle ihre oberste Karte auf und versuchen, eine zweite Person zu finden, die eine identische Karte hat. Dies darf gern durch lautes Rufen und wildes Gestikulieren passieren. Finden sich zwei Spieler mit gleichen Karten, gilt es, das nachzustellen, was auf den Karten abgebildet ist, zum Beispiel ein High Five oder eine Checker-Faust. Ist die Aktion durchgeführt, wird die Karte fallen gelassen, eine neue Karte aufgedeckt und ein neuer Partner gesucht. Wer seine Hand komplett abgeworfen hat, ruft laut »Finish!«.

Nachbereitung

Die Karten aufheben und sie wieder in die entsprechenden Spielersets sortieren.

Hinweise

Das Spiel ist ein schneller Energizer, geeignet für alle Gruppengrößen. Zu klein sollte deren Teilnehmerkreis allerdings nicht sein. Der Moderator kann durchaus teilnehmen. Wer die Runde gewinnt, ist nicht von Belang, kann jedoch für anschließende Aktivitäten als kleine »Belohnung« verwendet werden.

Stolperfallen

Geräusch- und aktivitätsempfindliche Personen können sich leicht durch die meist sehr laute und wilde Aktion gestört fühlen. Außerdem ist das Berühren anderer Menschen Bestandteil des Spiels. Dies solltest du den Teilnehmern vorher erklären und ihre Zustimmung einholen.

Quelle

Das Spiel wurde von Jordann Gross auf der Play4Agile-Konferenz in Rückersbach vorgestellt und hat die agile Community seitdem im Sturm erobert.

Weitere Informationen zum Spiel und anderen Varianten findest du auf [HAPPYSALMON].

Inverse Reise nach Jerusalem

Typ: Energizer

Niveau: Starter: kleines, feines, schnelles Spiel, das leicht angeleitet werden kann

Teilnehmerzahl: sinnvoll ab 6 Teilnehmern

Werden es mehr als zehn, empfehlen wir dringend, in einzelne Gruppen aufzuteilen, die parallel zueinander spielen. Der Kreis der Spieler muss so klein sein, dass ein Spieler in der Mitte jeden Stuhl direkt mit einem Schritt erreichen kann – aber groß genug, dass es auch Teilnehmer in ihrem oder seinem Rücken gibt.

Dauer: 5 bis 10 Minuten, je nach Spaß- und Energielevel der Spieler

Learning Objectives

Nichts. Das spielt man nur zum Spaß ;-).

Benötigtes Material

Stühle (einer weniger als Teilnehmer pro Gruppe).

Vorbereitung

Die Teilnehmer (einer Gruppe) bilden einen nach innen zeigenden Stuhlkreis. Zudem muss ein Spieler ausgewählt werden, der zu Beginn in der Mitte steht.

Ablauf und Moderation

Im Spiel gibt der Spieler, der sich in der Mitte befindet, den anderen Teilnehmern die Anweisungen »links« oder »rechts«. Die Idee ist, dass nun alle Spieler auf den Stühlen zu dem jeweils links oder rechts liegenden Stuhl wechseln. Der Spieler in der Mitte versucht dabei, einen freien Stuhl zu ergattern. Wer übrig bleibt (bzw. auf dem Schoß eines anderen landet), geht in die Mitte.

Nachbereitung

Die Stühle wieder wegräumen.

Hinweise

Das Spiel wird schnell zum Selbstläufer. Eventuell musst du als Facilitator eingreifen, wenn es zu heftig werden sollte. Ein paar mahnende Worte reichen hierfür in aller Regel.

Stolperfallen

Bei diesem Spiel ist Körperkontakt nicht zu vermeiden. Teilnehmer, für die es nicht infrage kommt, eventuell auf dem Schoß eines Kollegen/Nachbarn zu landen, sollten dieses Spiel nicht mitmachen. Aussetzen und Beobachten ist völlig okay.

Ein wichtiger Hinweis an die Teilnehmer ist, dass sie es nicht übertreiben sollten. Haben die Stühle beispielsweise Armlehnen, kann es leicht zu kleineren Remplern und daher möglicherweise zu kleineren Blessuren führen. Das Spiel soll Spaß aber machen und natürlich keine Verletzten hervorrufen.

Quelle

Das Spiel hat Dennis vor vielen Jahren mal bei einem Workshop – motiviert vom vorherigen Kindergeburtstag eines seiner Kinder – mit großem Erfolg ausprobiert und seitdem immer mal wieder eingesetzt.

Schnick-Schnack-Schnuck

Typ: Energizer

Niveau: leicht

Teilnehmerzahl: nicht limitiert, idealerweise mehr als 10 Personen

Dauer: wenige Minuten

Learning Objectives

Dieses Spiel lehrt nichts, es geht nur um jede Menge Spaß und frische Energie unter den Teilnehmern.

Vorbereitung

Keine besondere Vorbereitung notwendig.

Ablauf und Moderation

Anmoderation: »Findet euch bitte paarweise zusammen. Ihr kennt das Spiel ›Schere, Stein, Papier‹. Das werdet ihr gleich gegeneinander spielen, immer vorab laut rufend: ›Schnick, Schnack, Schnuck!‹ Spielt so lange, bis einer von euch beiden verliert. Der Verlierer wird dann sofort zum allergrößten Fan des Gewinners und feuert diesen für seinen nächsten Kampf lautstark an. Der Gewinner sucht sich einen weiteren Gewinner, und der nächste Kampf beginnt. Alle Fans dieser beiden werden nun zu Fans des neuen Gewinners. Dies machen wir so lange, bis nur noch einer übrig bleibt. Los geht's!«

Nachbereitung

Alle auslachen lassen und sich langsam wieder fassen.

Hinweise

Als Moderator darf man gern einen der Spieler mit anfeuern, um die Lautstärke und die Dynamik des Spiels anzutreiben.

Wenn du eine Gruppe sehr nerdiger Teilnehmer hast, kann es eine Alternative sein, die Regeln von »Schere, Stein, Papier, Echse, Spock« zu verwenden. Folgende Regeln kommen dann hinzu:

- Stein zerquetscht Echse
- Echse vergiftet Spock
- Spock zertrümmert Schere
- Schere köpft Echse
- Echse frisst Papier
- Papier widerlegt Spock
- Spock verdampft Stein

Du siehst, diese Variante erfordert etwas mehr Konzentration.

Stolperfallen

Möglicherweise gibt es Teilnehmer, die das klassische Kinderspiel »Schere, Stein, Papier« nicht kennen. Frage gerne am Anfang des Spiels kurz ab, ob jemand die Regeln zur Auffrischung erklärt haben mag:

- Stein schleift Schere
- Schere schneidet Papier
- Papier bedeckt Stein

Die drei bzw. fünf möglichen Handzeichen kennt mit Sicherheit ein Teilnehmer, um sie den anderen zu zeigen. Wenn alle Stricke reißen, hilft eine Internetsuche binnen Sekunden.

Quelle

Von Marc erstmalig im Open Space auf den XP-Days 2009 in Karlsruhe erlebt.

»Schere, Stein, Papier, Echse, Spock« wurde bekannt durch die TV-Serie »Big Bang Theory« [BIGBANG] und ursprünglich von Sam Kass erfunden [KASS].

Die Planke

Typ: körperlicher und damit mentaler Energizer

Niveau: keine Vorkenntnisse notwendig

Teilnehmerzahl: beliebig viele Teilnehmer

Dauer: 2 Minuten

Learning Objectives

Keine.

Benötigtes Material

- Stoppuhr
- optional: Flipchart oder Präsentation mit der grafischen Darstellung einer korrekt ausgeführten Planke
- optional: Musik mit mindestens 2 Minuten Länge

Vorbereitung

Stoppuhr auf 2 Minuten einstellen. Musik abspielbereit machen. Flipchart oder Präsentation sichtbar machen.

Ablauf und Moderation

Anmoderation: »Wer Energie benötigt und seinem Körper etwas Gutes tun möchte, den lade ich nun herzlich dazu ein, mit mir für zwei Minuten die Planke zu machen.

Dazu legt ihr euch auf den Bauch und hebt dann auf mein Zeichen hin den ganzen Körper durchgestreckt hoch auf Zehenspitzen und Unterarme. Haltet die Planke für zwei Minuten, bis ich ›Stopp!‹ sage. Los geht's.«

Stoppuhr starten, Musik laufen lassen, zwei Minuten mit der ganzen Gruppe die Planke machen.

Hinweise und Stolperfallen

Zwingt die Teilnehmer nicht dazu, diese Übung mitzumachen.

Während einer Ganztagsveranstaltung könnt ihr diese Übung zwei oder sogar dreimal am Tag durchführen. Es werden jedes Mal mehr Teilnehmer mitmachen.

Debriefing-Tipps

Auf die Frage der Teilnehmer, wozu das gut sein soll, könnt ihr antworten, dass körperliche Tätigkeit dazu dient, frischen Sauerstoff ins Gehirn zu bekommen. Dies hilft für jede Art von Kreativität und Wissensarbeit.

Quelle

Von Marc bei Craig Larman im LeSS-Training kennengelernt.

Regenmacher

Typ: sinnlicher Energizer

Niveau: leicht

Teilnehmerzahl: beliebig viele Teilnehmer

Dauer: 5 Minuten

Learning Objectives

Keine.

Vorbereitung

Stuhlkreis, in dem alle Teilnehmer, du eingeschlossen, Platz nehmen können.

Ablauf und Moderation

Erzähle der Gruppe: »Ich war kürzlich bei einem Regenmacher im afrikanischen Busch, und der hat mir gezeigt, wie man ein Sommergewitter herbeiruft und danach wieder die Sonne scheinen lassen kann. Jeder achtet nun auf seinen rechten Nachbarn. Das, was euer rechter Nachbar tut, macht ihr einfach nach ein, zwei Sekunden nach. Los geht's.«

Du durchläufst nun folgende Bewegungen und führst diese jeweils so lange aus, bis sie fast wieder bei dir angekommen ist:

- Unregelmäßig mit den Fingern schnipsen, sodass die ersten Regentropfen fallen.
- Unregelmäßig in die Hände klatschen, sodass stärkerer Regen fällt.
- Die Hände auf die Oberschenkel schlagen, sodass es einen Platzregen gibt.
- Zusätzlich mit den Füßen auf den Boden stampfen, sodass ein Gewitter entsteht.
- Wieder nur auf die Oberschenkel schlagen.
- Wieder in die Hände klatschen.
- Wieder mit den Fingern schnipsen.
- Die Hände aneinander reiben, sodass Wind aufkommt, der den Regen vertreibt.
- Die Ruhe genießen, die Sonne scheint wieder.

Debriefing-Tipps

Ein Debriefing ist hier kaum notwendig. Sollte sich die Gruppe sehr wundern, was das Ganze sollte, kannst du gern den Zweck der Übung erklären: »Wir hatten etwas Entspannung und frische Energie nötig. Wie fit seid ihr jetzt nach dieser Übung?«

Quelle

Von Marc bei Rolf Dräthers Session »7 WarmUps zum Mitnehmen« auf den XP Days 2010 in Hamburg kennengelernt.

Schneeballschlacht

Typ: Energizer mit Reflexion

Niveau: leicht

Teilnehmerzahl: beliebig

Dauer: 5 bis 10 Minuten

Learning Objectives

Keine.

Benötigtes Material

Zwei Blätter Papier pro Teilnehmer.

Ablauf und Moderation

Verteile an jeden Spieler zwei Blätter Papier.

»Malt bzw. schreibt bitte zwei Lernerkenntnisse aus dem bisherigen Workshop/Training/Seminar auf die Blätter. Pro Blatt bitte eine Erkenntnis.«

Wenn alle fertig sind: »Zerknüllt eure Blätter bitte jetzt zu Schneeballkugeln und startet eine Schneeballschlacht! Los geht's!«

Nach ca. zwei bis drei Minuten beendest du die Schneeballschlacht.

»Jeder nimmt sich bitte zwei Kugeln, faltet sie wieder auseinander und überlegt, welche Weisheit dahintersteckt, genau diese Zettel bekommen zu haben.«

Hinweise

Immer zwei Schneebälle pro Person herstellen lassen. Es geht immer der eine oder andere Schneeball verloren, und niemand sollte am Ende ohne Ball dastehen.

Laute »Upbeat«-Musik mit ordentlich Bass ist meist sehr hilfreich. Lass die Musik nicht bis zum Ende spielen, sondern dreh dann leise, wenn die ersten sich nicht mehr bewegen (möchten).

Das Raumlayout muss natürlich herumkullernde Bälle und heftige Bewegungen vertragen. Stell bitte vorher sicher, dass sich niemand verletzen kann.

Debriefing-Tipps

Kein Debriefing notwendig, jeder Teilnehmer kann für sich reflektieren, was die Zettel bedeuten, die er bekommen hat.

Quelle

Das Spiel wurde irgendwann mal von Rolf Katzenberger verbreitet. Eine originäre Quelle ist uns nicht bekannt.

Rolf selbst sagt: »Das ist ein sehr altes Spiel, das sehr oft variiert wird. Ich weiß nicht, wer (ob's jemand?) erfunden hat. Die älteste Quelle, die ich habe, ist [ALDUINO]«.

KAPITEL 8

Social Dynamics und Kommunikation

»Spiel ist notwendig zur Führung eines menschlichen Lebens.«
– Thomas von Aquin (1224–1274)

Neben all den anwendbaren Praktiken und Methoden sind die sozialen, zwischenmenschlichen Aspekte in Teams und unter Kollegen ein entscheidender Erfolgsfaktor für eine gelingende agile Organisation. Die Interaktionen zwischen den beteiligten Individuen wollen so gelebt sein, dass Vertrauen wächst, Kommunikation gelingt, Anerkennung stattfindet und Teamgeist entsteht. Die Spiele in dieser Kategorie unterstützen dabei, die verschiedenen Aspekte des Teambuildings und der guten Zusammenarbeit in Teams weiterzuentwickeln.

Ja, genau!

Typ: positive Grundstimmung in der Kommunikation herstellen, Ideen finden

Niveau: leicht

Teilnehmerzahl: mindestens 2 Teilnehmer

Dauer: 5 bis 15 Minuten

Learning Objectives

Generieren neuer Ideen durch bedingungslose Annahme der Aussagen meines Gesprächspartners.

Vorbereitung

Die Teilnehmer finden sich zu Paaren zusammen. Alternativ können sie einen Kreis bilden.

Ablauf und Moderation

Zunächst musst du eine Fragestellung oder ein Thema setzen, über das die Spieler sprechen sollen. Du kannst entweder selbst etwas vorgeben, oder du überlässt es einfach den Spielern selbst, ein Thema zu wählen. Während eines Trainings oder beispielsweise einer Retrospektive zu einem bestimmten Thema empfehlen wir Ersteres.

Spieler A beginnt mit einer ersten Aussage, die ihm in den Sinn kommt. Spieler B antwortet mit freudigem Enthusiasmus: »Ja, genau!« und hängt direkt seine eigene Assoziation, Idee, Aussage, Erweiterung usw. an. Der nächste Spieler antwortet nun ebenso enthusiastisch mit »Ja, genau!« und erweitert die Aussage wiederum mit seiner Idee dazu. Dieses Spiel geht nun reihum weiter.

Gute Ideen werden schriftlich festgehalten.

Das Spiel geht so lange, bis genug Ideen entstanden sind.

Nachbereitung

Die gefundenen Ideen können nun sortiert, geclustert, bewertet usw. werden.

Hinweise

Wie beim Improvisationstheater geht es bei dieser Methode darum, sein Gegenüber gut dastehen zu lassen. Alle Aussagen werden positiv entgegengenommen und nicht verbessert oder kritisiert.

Stolperfallen

Nach jedem »Ja, genau!« sollte ein »und« folgen mit der eigenen Aussage. Viele Menschen sind auf die »Ja, aber«-Sprache konditioniert. Legt deshalb bei der Anmoderation besonderen Wert darauf, dass jeder »Ja, genau! Und ...« antwortet.

Quelle

Von Marc erstmalig auf den XP-Days 2011 in Karlsruhe mit Nicole Rauch erlebt.

Australisches Schwebholz

Typ: Teamwork, Kooperation

Niveau: leicht

Teilnehmerzahl: 6 bis 12

Dauer: 10 Minuten

Learning Objectives

Die Teilnehmer lernen, dass echte Zusammenarbeit ein Einlassen jedes Einzelnen auf die anderen Teammitglieder benötigt.

Benötigtes Material

Holzleiste, Zollstock oder 2 Bogen Flipchart-Papier.

Ablauf und Moderation

Je sechs bis zwölf Teilnehmer stehen sich in zwei Reihen gegenüber und tragen mit den ausgestreckten Zeigefingern einer Hand eine zwei Meter lange dünne, leichte Holzleiste (oder einen Zollstock oder zwei ganz eng gerollte, ineinandergesteckte Flipchart-Bogen). Aufgabe ist es, die Leiste auf den Boden zu legen. Kein Teilnehmer darf dabei den Kontakt zum Holz verlieren.

Debriefing-Tipps

Stell den Teilnehmern nach erfolgreicher Durchführung der Übung folgende Fragen:

- »Wie wurde die erfolgreiche Strategie gefunden?«
- »Welche Wirkung hatten Schuldzuweisungen?«
- »Was braucht(e) es zum Erfolg?«

Quelle

Von Marc bei der Play4Agile 2011 in Rückersbach kennengelernt durch Erich Ziegler (siehe auch [ZIEGLER]).

Blind Zählen

Typ: Teamwork, Kooperation

Niveau: leicht

Teilnehmerzahl: mindestens 4

Dauer: 5 Minuten

Learning Objectives

Die Teilnehmer lernen, sich aufeinander einzustimmen. Aufmerksamkeit, Empathie und Achtsamkeit sind notwendig, um das Spiel erfolgreich in den Fluss zu bekommen.

Ablauf und Moderation

Die Teilnehmer stehen im Kreis. Ein Teilnehmer sagt »eins«, ein anderer – ganz unsystematisch, ohne dass es Absprachen gibt – sagt »zwei« usw., bis 20 erreicht ist.

Sagen zwei Teilnehmer gleichzeitig eine Zahl, beginnt das Zählen von vorn.

Hinweise

Die Gruppe wird einige Male scheitern, bis auf einmal wie durch ein Wunder ein Durchbruch erzielt wird und das Zählen gelingt. Es kann eine Weile dauern, bis die Gruppe in der Lage ist, die 20 erstmalig zu erreichen.

Debriefing-Tipps

Nach erfolgreichem Zählen kannst du folgende Fragen stellen:

- »Wie ging es euch während dieser Übung?«
- »Was hat sich verändert?«
- »Was hat es für den Erfolg gebraucht?«

Quelle

Von Marc vor vielen Jahren auf einem der XP-Days kennengelernt.

Erich Ziegler hat in seinem Buch [ZIEGLER] eine ähnliche Variante unter dem Namen »Einmal 20 und zurück« beschrieben.

Menschlicher Knoten

Typ: Selbstorganisation, Teamwork

Niveau: auch für Anfänger geeignet

Du solltest sicher darin sein, eine große Gruppe anleiten zu können. Da außer einem stabilen Stuhl keinerlei Materialien benötigt werden, ist es gut geeignet, um »aus dem Hut gezaubert zu werden«.

Teilnehmerzahl: mindestens 10, je mehr, desto besser (nach oben existiert praktisch keine Grenze)

Dauer: 5 Minuten Erklärung und Set-up, danach eine Runde von 5 Minuten, danach eine Runde von meist zwischen 3 und 5 Minuten, je nach Gruppengröße und Engagement

Learning Objectives

Die Teilnehmer lernen hier am eigenen Leib, dass Selbstorganisation bei lokalen Problemen viel mächtiger ist als fremdgesteuertes Handeln.

Benötigtes Material

Wenn möglich ein Stuhl, auf dem man stehen kann (keinesfalls ein Drehstuhl!). Sonst braucht es nichts außer Platz.

Vorbereitung

Um das Spiel durchführen zu können, benötigt die Gruppe einen freien Raum. Es sollten also alle Stühle, Tische oder andere Hindernisse an die Wände geräumt werden. Du kannst die Gruppe bitten, dies selbst zu erledigen.

Ablauf und Moderation

Als Moderator erklärst du, dass die Teilnehmer zunächst einen Knoten bilden werden. Es wird dann in zwei Runden versucht, ihn zu lösen. Für die erste Runde wird ein freiwilliger »Manager« benötigt. Je nach Stimmung der Gruppe kannst du hier zur Auflockerung auch Fragen einbauen wie: »Wer von euch ist PMI-zertifiziert? Jemand Prince2 oder Six-Sigma? Ihr seid prädestiniert für den Job des Managers.« Ist der Manager gefunden, erklärst du die Aufgabe.

Alle Teilnehmer außer dem Manager sollen sich in einem großen Kreis aufstellen und dabei nach innen schauen. Dann heben alle beide Arme auf Schulterhöhe nach vorne und laufen langsam auf die Mitte zu. Jeder soll dann, in der Mitte angekommen, mit jeder Hand jeweils die Hand eines anderen greifen. Bitte weise darauf hin, dass dabei die Hände zweier verschiedener Personen erfasst werden müssen. Hat jeder seine Partnerhände gefunden, ist ein großes menschliches Knäuel in der Mitte des Raums entstanden. Aufgabe des Managers ist es nun, diesen Knoten zu lösen.

In der ersten Runde gelten folgende Regeln: Es ist nicht erlaubt, loszulassen. Niemand darf etwas Aktives tun, was ihr/ihm nicht direkt vom Manager gesagt wurde. Kann ein Teilnehmer die vom Manager geforderte Aktion nicht durchführen, kann das kommuniziert werden. Wer nicht vom Manager angesprochen wird, soll bitte schweigen, um diesem seine Aufgabe nicht zu erschweren.

In aller Regel (und je nach Gruppengröße) wird der arme Manager nach fünf Minuten den Knoten nicht gelöst haben. Du erlöst ihn nun und bittest alle Teilnehmer, so stehen zu bleiben. Sollte der Knoten fast gelöst sein oder alle eine kurze Pause benötigen, kannst du auch das Bilden eines neuen Knotens anleiten. Du startest die zweite Runde also auf jeden Fall mit einer vergleichbaren Situation wie die erste Runde. In der zweiten Runde gelten nun aber andere Regeln. Es gibt keinen Manager mehr, und es kann frei kommuniziert werden. Nur Loslassen ist nach wie vor verboten.

Die Teilnehmer werden nun in vergleichbar sehr kurzer Zeit den Knoten lösen und nach wenigen Minuten in einem großen Kreis dastehen; sich alle an den Händen haltend.

Nachbereitung

Nachdem sich die Gruppe beruhigt hat, kannst du Fragen stellen. »Was hat sich besser angefühlt? Was war effektiver? Wer hat in Runde zwei kurz losgelassen?«

Die Erkenntnis des Spiels dürfte den meisten Teilnehmern bereits klar sein. Die selbstorganisierte Lösung ist sehr viel schneller, effektiver und angenehmer für alle Beteiligten. Zudem werden lokale Lösungen gefunden, die der arme Manager niemals hätte finden können. Er stand immer außerhalb des Systems, das er zu kontrollieren versuchte. Die Teile des Systems wissen sehr viel genauer, wie es verbessert werden kann.

Auch ist in Runde eins jeweils nur ein geringer Anteil aller aktiv dabei, das Problem zu lösen. Die meisten Teilnehmer stehen nur (unbequem) rum und warten auf Anweisungen. In Runde zwei arbeiten alle gleichzeitig. In Runde eins wurde nur gerichtet kommuniziert, in Runde zwei wird viel mehr gesprochen. Und es wird lokal verhandelt. Dinge wie »Magst du kurz loslassen, damit ich nicht über deine Arme steigen muss?« sind plötzlich möglich. Und diese kleinen, lokalen Absprachen werden das Gefühl der Teilnehmer nicht beeinträchtigen, das gewünschte Ergebnis im Rahmen der Regeln erreicht zu haben.

Hinweise

- Auch in diesem Spiel ist Anfassen notwendig. Bitte fragt die Teilnehmer vorher, ob das für alle okay ist.
- Die Rolle des Managers ist exponiert. Du als Moderator solltest diesen Freiwilligen auf jeden Fall hinterher wieder aufbauen. Es ist nicht Ziel dieses Spiels, Manager herunterzumachen.

Debriefing-Tipps

Achtet in Runde zwei genau darauf, ob an einzelnen Stellen losgelassen wurde. Fragt aktiv nach, wie die Teilnehmer diese Regelverletzung begründen und wie es sich für sie angefühlt hat. Sind alle der Meinung, dass das okay war? Ist das Anarchie?

Quelle

Das Spiel wurde vor vielen Jahren von Marc auf einer Konferenz entdeckt. Eine originäre Quelle ist nicht mehr nachvollziehbar.

Exercise without a name – E.W.A.N. McGregor

Typ: Simulation des Prinzips *Elephant in the Room* mit der Eröffnung der Möglichkeit, danach über eigene versteckte Themen reden zu können

Niveau: Erfahrung in Moderation und Umgang mit Gruppen erforderlich

Teilnehmerzahl: mindestens 4 Teilnehmer, idealerweise 10 bis 15, Maximum: so viele, wie in den vorhandenen Raum passen

Dauer: 20 bis 30 Minuten

Learning Objectives

Bereitschaft in einem Team erzeugen, schwierige Themen zu akzeptieren, darüber zu sprechen und Lösungen zu finden.

Benötigtes Material

- ein (möglichst kleiner) Raum
- Klebeband (Malerkrepp, für Markierungen auf dem Boden)
- viele Stühle oder andere Hindernisse
- Kamera

Vorbereitung

1. Wähle ein oder zwei Personen für die Rolle der »Beobachter« und bitte diese, den Raum zu verlassen. (Es sollte sich um Personen handeln, denen vom Team ein gewisses Vertrauen entgegengebracht wird.)
   Wähle einen »Dokumenter«, der während Schritt 3 Fotos macht.
2. Bitte die Teilnehmer, ein riesiges Hindernis in der Mitte des Raums aufzubauen, z.B. durch einen Stapel von Stühlen. Vermeide, dieses Hindernis »Elefant« zu nennen.
3. Falls das Hindernis nicht nahe genug an die Wände des Raums heranreicht, kommt das Klebeband zum Einsatz. Klebe einfach einen engen Raum mit dem Klebeband um das Hindernis herum ab. Der Spielbereich befindet sich dann innerhalb der abgeklebten Fläche.
   Du kannst die Stühle neu arrangieren, falls das notwendig ist, um den Weg um das Hindernis schwieriger und komplizierter zu machen. Der »Dokumenter« soll nun ein paar Bilder vom aufgebauten Hindernis schießen.
4. Lass die Teilnehmer sich innerhalb des Spielbereichs verteilen.

Ablauf und Moderation

1. Lass die Teilnehmer nun zwei oder drei Aktivitäten durchlaufen, sodass sie sich um das Hindernis bewegen und einen neuen Platz einnehmen müssen. Es sollten Aktivitäten sein, bei denen alle Teilnehmer an derselben Stelle stehen möchten. Sag den Teilnehmern, dass sie ihre Positionen, Bewegungen und Schritte genau beobachten und sich einprägen sollen. Beispiele für Aktivitäten:
   - Ein Teilnehmer lädt die anderen dazu ein, sich etwas an seiner Position anzuschauen (»Schaut euch bitte mal diesen Code hier an!«). Die anderen müssen möglichst nah an seine Position gelangen.
   - Ein anderer Teilnehmer ruft die anderen zu sich (»Mittagessen ist fertig!«).
   - Optional: eine weitere Aktivität.
2. Entferne jetzt alle Stühle bzw. das gesamte aufgebaute Hindernis. (Überlege vorher, was mit den Stühlen passieren kann, falls der Raum klein ist.) Bitte die Teilnehmer, sich auf ihre Startposition aus Schritt 4 zu begeben. Sie sollen sich darauf vorbereiten, die gleichen Bewegungen durchzuführen wie in Schritt 5.
3. Hole die Beobachter zurück in den Raum.
4. Ohne den Beobachtern etwas zu erklären, wiederholen die Teilnehmer die Bewegungen aus Schritt 5.

Jetzt wird es komisch – was ist hier los?

5. Frage die Beobachter nach ihren Erkenntnissen. Zeige noch nicht die Bilder von Schritt 3.
   - »Was möchtet ihr uns fragen?«
   - »Welchen Rat möchtet ihr uns geben?«
6. Bitte die Beobachter, an den Bewegungen des Teams teilzunehmen. Zeige den Beobachtern, »wie die Dinge hier gemacht werden«. Das Team wird die Beobachter wahrscheinlich darauf hinweisen, welche »falschen« Stellen sie nicht betreten

dürfen, um nicht verletzt zu werden. Die Kernaussage ist hier: »Dies ist die Art und Weise, wie wir hier arbeiten.«

7. Frage die Beobachter nach ihren Beobachtungen. Falls die Beobachter völlig ratlos sind, wiederhole die Bewegungen (Schritt 8) und frage sie erneut (Schritte 9 und 10).
8. Zeige den Beobachtern mit den Bildern aus Schritt 3, was die Teilnehmer »sehen«.

Bringe die Leute in den Beobachtungsmodus:

9. Gehe als Moderator nun direkt durch das Hindernis. Fordere alle auf, zu dir in die Mitte zu kommen. Das könnte sich durchaus merkwürdig und angespannt anfühlen. Frage die Beteiligten: »Wie fühlt sich das an, hier zu stehen?« und warte auf ihre Antworten.
10. Bitte alle, sich für das Debriefing hinzusetzen und einen Kreis zu bilden.
11. Beispielfragen für das Debriefing:
    - »Wie hat es sich angefühlt, als ein Beobachter durch das Hindernis gelaufen ist?«
    - »Wie hat es sich angefühlt, als ein Teilnehmer bzw. ich als Moderator durch das Hindernis gelaufen sind?«
    - »Was ist passiert, als die Beobachter uns aufgefordert haben, durch das Hindernis zu laufen?«
    - »Was ist passiert, als die Beobachter sich uns angeschlossen haben?«
    - »Was war die Rolle des Dokumenters?«

Verbindung mit der Realität im Arbeitsalltag herstellen:

12. Erkläre der Gruppe, aus welchem Grund du sie hast diese Übung machen lassen: »Ich habe beobachtet, wie wir arbeiten, und ich habe das Gefühl, dass es etwas gibt, über das wir nicht sprechen, das uns jedoch bei unserer Arbeit behindert.«
    - »Über was reden wir nicht?« Gib der Gruppe Zeit, zu reflektieren.

- Falls es unbequem/unangenehm wird, stell die Frage: »Was geschieht hier jetzt im Augenblick gerade?«
- Lege den Fokus weiterhin auf das Team und deren Prozess. Achte darauf, dass die Situation nicht durch einzelne Personen im Team aufgelöst wird. Dies kann z. B. dadurch passieren, dass ein einzelner Kollege für sich selbst eine Maßnahme vorschlägt und alle anderen meinen, nun aus dem Schneider zu sein. Gemeinsame Problemlösung ist hier das Ziel, ein einzelnes Teammitglied sollte nicht die alleinige Verantwortung übernehmen.

13. Falls an dieser Stelle Konflikte im Team sichtbar werden, beschäftige dich im Nachgang mit der Frage, wie du diese Konflikte gut adressieren und mit dem Team auflösen kannst. Ideen und Ressourcen dazu findest du auf lösungsfokussierte Weise in [KOTRBA, MIARKA].
14. Bitte das Team, zum Abschluss noch mal in die Mitte zu kommen, wo sich das Hindernis befand.
    - Frage: »Wie fühlt es sich jetzt an, hier zu stehen?«
    - Mögliche weitere Fragen: »Was ist von hier aus jetzt möglich?« und »Welche Ziele möchtet IHR als Team erreichen?«

Nachbereitung

Bringe den Raum mit den Teilnehmern wieder in Ordnung.

Debriefing-Tipps

Stell die echten Fragen nach dem Aha-Moment:

- »Ist da ein Elefant im Raum?«
- »Haben wir selbst einen Elefanten?«
- »Was genau ist unser Elefant?«

Die Antworten auf diese Fragen können auch aufgeschrieben werden, ohne sie mit der Gruppe teilen zu müssen. Dies empfiehlt sich, wenn du spürst, dass ein schwerer Konflikt vorliegt oder die Machtverhältnisse unter den Beteiligten eine offene Aussprache verhindern.

Ein möglicher nächster Schritt, das eigene Hindernis im Team weiterzubearbeiten, findest du im folgenden Spiel in diesem Buch: »Fearless Journey«.

Quelle

Von Marc kennengelernt auf dem Agile Coach Camp Germany 2012 durch Thorsten Kalnin.

Das Spiel wurde während des Agile Coach Camp Netherlands 2012 von Thorsten Kalnin, Silvana Wasitowa, Deborah Hartmann-Preuß und einigen anderen entworfen. Die ursprüngliche, englische Beschreibung findet sich unter [WASITOVA-EWAN].

Fearless Journey

Typ: Erkenntnisse gewinnen über den möglichen Weg zu einem großen Ziel

Niveau: leicht zu moderieren, Kenntnisse über die Pattern aus dem Buch »Fearless Change« [MANNS, RISING] sollten vorhanden sein

Teilnehmerzahl: bis zu 6 Spieler

Dauer: 30 bis 60 Minuten

Learning Objectives

Das Team lernt neue Vorgehensweisen kennen, gewinnt Zuversicht, dass sein Ziel erreichbar ist, lernt, im Konsens zu entscheiden, und entwickelt Zusammenarbeit und Wertschätzung.

Benötigtes Material

Du benötigst 40 kleine, leere Karteikarten im Format DIN A8. Lade außerdem die Wegekarten, Start- und Zielkarten sowie die Strategiekarten online unter *https://fearlessjourney.info/* herunter. Drucke sie, wenn möglich auf festerem Papier, aus und schneide sie entsprechend in einzelne Karten.

Vorbereitung

Das Ziel festlegen: Das Team einigt sich auf den Erfolg (ein großes Ziel) und auf den aktuellen Ausgangszustand und schreibt je eine Karteikarte dafür. Lege Start- und Zielkarte ca. 40 cm entfernt voneinander ab.

Wegestapel: Alle Wegekarten werden gemischt und umgekehrt auf einen Stapel gelegt.

Hindernisstapel: Die Spieler notieren auf 20 Karteikarten je ein konkretes Hindernis, das den Weg zum Ziel blockieren könnte. Mische die 20 leeren und die beschriebenen Hinderniskarten und platziere den Stapel mit der Schriftseite nach unten auf dem Tisch (siehe Abbildung 8-1).

Strategiestapel: Gib jedem Spieler fünf Strategiekarten und platziere auch hier die restlichen Karten mit der Schriftseite nach unten auf dem Tisch.

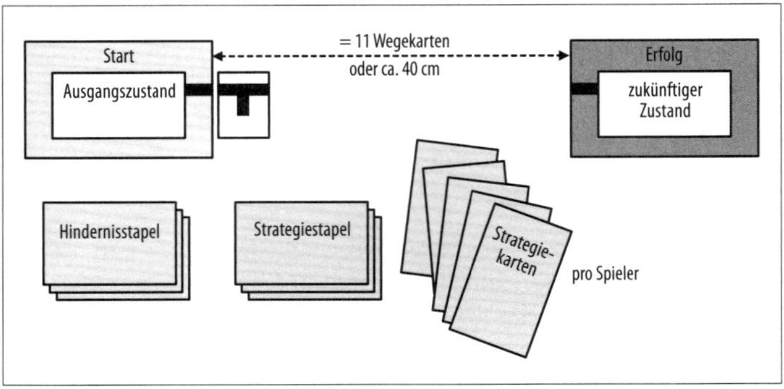

Abbildung 8-1: Aufbau und Ablage der Karten auf dem Tisch

»Macht euch bitte mit den Strategien, die ihr auf der Hand habt, vertraut. Ich gebe euch dafür ein paar Minuten Zeit.« Prüfe nach drei bis fünf Minuten, wie weit die Spieler sind. Beantworte bei Bedarf Fragen zu den Strategien.

Ablauf und Moderation

Bau einen Pfad vom Start zum Ziel:

1. Der erste Spieler zieht eine Wegekarte und legt diese an einen nicht blockierten Pfad (das heißt an eine Wegekarte, deren ausgehender Weg nicht durch eine Hinderniskarte gesperrt ist).
2. Dann zieht er eine Hinderniskarte vom Stapel. Wenn diese leer ist, endet sein Zug. Wenn sie ein Hindernis beschreibt, liest er sie laut vor und legt sie an seine gerade platzierte Wegekarte. Dieser Weg ist damit blockiert, bis die Blockade aufgelöst wird.
3. Jetzt kann das Team eine oder mehrere Strategien, die auf den Strategiekarten beschrieben sind, einsetzen, um ein Hindernis zu entfernen: Jeder kann eine Strategie, die auf einer eigenen Karte beschrieben wird, vorschlagen. Das Team diskutiert darüber und entscheidet. Wenn es kein Veto gibt, werden das Hindernis und die Strategiekarte zur Seite gelegt.
4. Der Spieler bedankt sich bei jedem, der eine Strategie beigetragen hat, mit einer Strategiekarte von sich. Er füllt seine Strategiekarten vom Stapel wieder auf.
5. »Nehmt euch wieder kurz Zeit, die neuen Strategiekarten in Ruhe zu lesen.« Das Spiel geht links vom aktuellen Spieler weiter.
6. Das Spiel endet, wenn Ausgangszustand und Ziel durch Wegekarten verbunden sind oder das Team eine klare Idee bekommen hat, wie es die ersten Hindernisse aus dem Weg räumen kann. Frage hier ruhig das Team: »Reichen euch die bislang identifizierten Strategien? Braucht es noch mehr, um das große Ziel mit Zuversicht zu erreichen?« Hier ist manchmal weniger durchaus mehr. Es hilft nicht, eine Liste von 20 Strategien auf der Team-To-do-Liste zu haben, von denen dann keine umgesetzt wird – lieber auf wenige oder sogar nur eine Strategie fokussieren und diese tatsächlich abschließen und dafür bald die

nächste Runde Fearless Journey mit dem Team spielen, um die dann vielleicht ganz neuen Herausforderungen zu adressieren.

7. Am Spielende werden das Spiel und die Erkenntnisse reflektiert. Die Teilnehmer sehen auf der Spielfläche: Es ist ein Weg vom Ausgangszustand zum bzw. in Richtung Ziel entstanden. Dabei wurden gemeinsam Hindernisse durch mögliche Strategien aus dem Weg geräumt.

Hinweise

- Ziel: »Peilt ein Ziel an, das ein Lächeln bei den Menschen hervorruft. Nicht 50% Fehlerreduzierung, sondern: Die Kunden reißen sich um unser Produkt!«
- Vor der ersten Runde: »Startet mit einem ›T-Wegestück‹, um nicht schon in der ersten Runde blockiert zu sein.«
- Stellen die Spieler Fragen oder bemängeln sie fehlende Regeln? Antworte mit: »Fragt euch, was im realen Leben passieren würde.« Die Spieler sollen selbst denken und kreative Lösungen finden.
- Zurück in der Realität: »Legt mit den Spielideen Aktionen fest und plant!«

Debriefing-Tipps

- »Was hat bei dem Spiel Spaß gemacht?«
- »Was war schwierig? Was war leicht? Was hat dich überrascht?«
- »Wie schwer war es, Konsens zu finden?«
- »Wer hat welche Rolle in der Entscheidungsfindung übernommen?«
- »Wo sind Unterschiede zum üblichen Entscheidungsprozess zu erkennen?«
- »Was wird sich an der Arbeit der Teilnehmer ändern?«
- »Wie geht es dir in Bezug auf das Ziel?«

Quelle

Alle Materialien und weitere Informationen zum Spiel sind auf *https://fearlessjourney.info/* zu finden.

Das Spiel wurde auf der Play4Agile 2011 von Deborah Hartmann-Preuss und Ilja Preuss entwickelt [HARTMANN-PREUSS]. Es basiert auf den Fearless Change Pattern von Mary Lynn Manns und Linda Rising aus ihrem gleichnamigen Buch [MANNS, RISING].

Story Telling in Circles

Typ: Austausch zu einem Thema in der Gruppe

Niveau: sehr leicht

Teilnehmerzahl: beliebig

Dauer: 3 Minuten

Learning Objectives

Die Teilnehmer lernen sehr schnell die Perspektiven der anderen aus der Gruppe kennen.

Benötigtes Material

Keins.

Ablauf und Moderation

Stellt euch im Kreis auf. Gib der Gruppe nun entweder eine konkrete, themenbezogene Frage vor (z. B. »Was habt ihr zum Thema XY gerade gelernt?« oder »Welche Erkenntnisse habt ihr aus der letzten Übung gewonnen?« oder »Was werdet ihr ab morgen/Montag im Team anders machen?«).

»Einer fängt nun an, eine Antwort in Form einer Geschichte dazu zu erzählen. Reihum wird die Geschichte fortgesetzt, bis wir genügend gute Antworten gefunden haben. Jeder Teilnehmer kann ein bis drei Wörter dazupacken. Achtet darauf, dass sinnvolle und ganze Sätze entstehen. Los geht's.«

Alternativ zu einer themenbezogenen Frage kannst du das Spiel auch als *Connecting Game* durchführen ohne die Vorgabe eines Themas. Die Aufgabe ist dann, einfach eine beliebige freie Geschichte zu erzählen.

Stolperfallen

Achte darauf, das Spiel zu beenden, sobald die Energie aus der Gruppe verschwindet.

Quelle

Nicht mehr nachvollziehbar, wer dieses Spiel wann von wem gelernt hat. Eine ursprüngliche Quelle ist nicht bekannt.

Rhetoric – The Public Speaking Game

Typ: Präsentation

Niveau: leicht zu moderieren

Teilnehmerzahl: bis zu 8 Spieler, in frei moderierter Form auch mehr Spieler möglich

Dauer: nach Belieben

Learning Objectives

Die Teilnehmer lernen, zu einem bis dahin unbekannten Thema spontan eine ein- oder zweiminütige Rede zu halten. Das Feedback der anderen Teilnehmer hilft dabei, das eigene Auftreten zu verbessern.

Benötigtes Material

Entweder als Brettspiel oder als App für die gängigen mobilen Betriebssysteme unter dem Namen *Rhetoric – The Public Speaking Game* käuflich zu erwerben. Beide Varianten funktionieren hervorragend.

Vorbereitung

Suche die Teilnehmer zusammen und platziere die Leute so, dass auf einer Seite der Gruppe eine kleine »Bühne« bzw. einfach genügend Raum vorhanden ist, um eine spontane Rede zu halten.

Ablauf und Moderation

Reihum ziehen die Teilnehmer ein Thema und weitere Herausforderungen, die in die Rede integriert werden sollen. Dies kann beispielsweise sein, die Leute zum Lachen zu bringen, die Sinne anzusprechen, eine persönliche Geschichte zu erzählen, ein Zitat zu benutzen, oder Ähnliches mehr.

Eine gezogene Herausforderung kann auch sein, dass das Publikum dem Teilnehmer eine beliebige Frage stellen bzw. ein Thema vorgeben darf.

Eine weitere Herausforderung kommt auf den Teilnehmer zu, wenn die gewünschte Struktur der Rede mit einem Würfel bestimmt wird. Diese kann von einer qualitativen Aufzählung verschiedener Themenaspekte über einen Pro-und-Kontra-Vergleich bis hin zum Abweichen vom eigentlichen Thema reichen.

Stolperfallen

Gern dürfen Teilnehmer ermutigt werden, sich der Herausforderung einer spontanen Rede zu stellen. Niemand sollte jedoch gezwungen werden, aktiv beim Spiel mitzumachen. Gerade wenn die Wahl des Themas persönlich unbequem wird, darf jeder Teilnehmer passen.

Debriefing-Tipps

Jeder ist aufgerufen, dem Vortragenden Rückmeldungen zu geben. Es ist sehr hilfreich, wenn professionelle oder ausgebildete Redner unter den Teilnehmern sitzen. Die Beobachtungen aller Teilnehmer sind für den Vortragenden jedoch wertvoll.

Feedback zu Körpersprache, sprachlicher Gewandtheit, Blickkontakt, Inhalt und Ausdruck ist nur ein Teil der möglichen Rückmeldungen. Oft werden Beobachtungen zur Struktur des Vortrags, zu Start und Ende, zur Spannungskurve und zu vielem mehr geäußert. Das Interessante dabei ist die Vielfalt an unterschiedlichen Rückmeldungen, da jeder Teilnehmer seinen individuellen Blickwinkel auf den Sprecher hat.

Quelle

Marc hat das Spiel auf einem der ersten Agile Coach Camps oder der ersten Play4Agile von Silvana Wasitova kennengelernt.

Das Spiel selbst wurde von Florian Mueck und John Zimmer entwickelt und ist über *http://rhetoricgame.com/* zu erwerben [MUECK-ZIMMER].

Chinese Whispers – Stille Post

Typ: Kommunikation

Niveau: einfach

Teilnehmerzahl: beliebig viele Teilnehmer

Dauer: ca. 10 Minuten

Learning Objectives

Die Teilnehmer lernen, wie sehr sich der Inhalt einer ursprünglichen Nachricht im Laufe der Zeit verändert, je mehr Nachrichtenvermittler sich in der Kommunikationskette befinden und den Inhalt weitergeben.

Benötigtes Material

Einen großen Raum, in dem sich alle Mitspieler in einer Reihe hintereinander aufstellen können.

Ablauf und Moderation

»Stellt euch bitte in einer Reihe hintereinander auf, alle schauen dabei in die gleiche Richtung. Wenn euch die Person hinter euch auf die Schulter klopft, dreht ihr euch zu dieser Person um. Schaut genau zu und prägt euch ein, welchen Bewegungsablauf euch diese Person zeigt. Dreht euch dann wieder um. Eure Aufgabe ist nun, der Person vor euch den gleichen Bewegungsablauf zu zeigen. So wird die Nachricht einmal komplett bis zur Person am Ende der Kette weitergegeben. Sprechen ist nicht erlaubt, wir werden die Übung in aller Stille durchlaufen. Ich werde die Nachricht nun der ersten Person in der Kette geben.«

Stell dich dann hinter die erste Person in der Kette, klopfe ihr auf die Schulter und gib einen Bewegungsablauf vor.

Beispiele für Bewegungsabläufe:

- Motorradfahren: Hände an den virtuellen Lenker, zweimal mit dem rechten Fuß auf den Boden treten, mit der rechten Hand dreimal Gas geben, mit beiden Händen mehrfach nach links und rechts Kurven fahren.
- Fensterputzen: Mit der linken Hand einen Eimer auf den Boden stellen, mit der rechten Hand einen Fensterwischer aus dem Eimer nehmen und mehrfach ein Fenster von oben nach unten wischen, Fensterwischer wieder in den Eimer legen und mit einem Tuch einzelne Stellen des Fensters nachwischen.
- Kochen: Gemüse auf einem Brett schneiden, Topf mit Wasser füllen, Gemüse in den Topf geben, mehrfach umrühren, das Essen mit einem Löffel kosten.

Du kannst dir gern eigene Bewegungsabläufe ausdenken.

Genieße nun den Verlauf des Spiels, bis die Nachricht am Ende der Kette angelangt ist.

Debriefing-Tipps

Es benötigt im Regelfall kein großes Debriefing, da allen Teilnehmern sichtbar wird, wie schnell und drastisch sich die ursprüngliche Nachricht verfälscht. Der Bewegungsablauf am Ende hat mit dem am Anfang meist überhaupt nichts mehr zu tun.

Mögliche Frage an die Teilnehmer: »Welche Beispiele für stille Post kennt ihr aus eurem Team/Arbeitsumfeld/eurer Organisation?«

Reflektiere die Antworten mit den Teilnehmern.

Quelle

Es ist keine Quelle für das ursprüngliche Spiel »Stille Post« bekannt. Die hier vorgestellte Variante von »Chinese Whispers« beruht auf dem YouTube-Video »This Is How Chinese Whispers Work« von Yulit Onkin [ONKIN].

Spaceteam (App)

Typ: Koordination und Kommunikation im völligen Chaos

Niveau: muss gar nicht moderiert werden

Teilnehmerzahl: 2 bis 4 Spieler

Dauer: beliebig

Learning Objectives

Die Spieler finden im Laufe der Runden Strategien, wie sie sich in einem völlig chaotischen Umfeld koordinieren und miteinander austauschen können.

Benötigtes Material

Die App *Spaceteam*, kostenlos erhältlich für iOS und Android.

Vorbereitung

Jeder Spieler muss die App *Spaceteam* auf seinem Smartphone oder Tablet installiert und eine funktionierende Internetverbindung am Start haben.

Die Spieler werden von dir in der App per Spielernamen zu einem Spiel eingeladen. Jeder Spieler muss seine Bereitschaft in einer Lobby vor dem eigentlichen Spiel anzeigen.

Ablauf und Moderation

Ziel des Spiels ist es, ein Raumschiff gemeinsam zu steuern und es von der hinter ihm liegenden Gefahr wegzubewegen.

Jeder Spieler erhält bei Start des Spiels eine zufällig zusammengestellte Kontrolloberfläche für einen Teil des Raumschiffs. Diese besteht aus Tasten, Schaltern, Schiebern und Drehreglern. Jedes Bedienelement hat einen Namen, der deutlich auf der Oberfläche zu lesen ist.

Nun bekommt jeder Spieler von der App ein Kommando, das in einer bestimmten, relativ kurzen Zeit ausgeführt werden muss. Es soll z.B. eine bestimmte Taste gedrückt oder ein Regler auf einen festgelegten Wert geschoben werden. Da jeder Spieler eine eigene, das heißt andere Oberfläche hat, muss jeder Spieler allen anderen Mitspielern sein Kommando mitteilen. So kann jeder schauen, ob er das Kommando auf seiner Oberfläche ausführen kann.

Die Kommandos erscheinen bei den einzelnen Spielern aber nicht nacheinander, sondern bei allen gleichzeitig! Da es aber nur sehr selten der Fall ist, dass ein Spieler das bei ihm erscheinende Kommando auf der eigenen Oberfläche ausführen kann, besteht die Notwendigkeit, das Kommando sofort an die anderen Spieler zu kommunizieren. Die vorgegebenen Zeitfristen pro Kommando liegen im Bereich weniger Sekunden, deshalb entstehen sehr bald Hektik und völliges Chaos.

Wird ein Kommando von einem Spieler korrekt ausgeführt, bewegt sich das Raumschiff weiter nach vorne. Gelingt dies nicht rechtzeitig, fällt das Raumschiff wieder ein Stück zurück.

Im Laufe der Zeit treten im Spiel immer mehr Störungen und Hindernisse zutage, die es zu bewältigen gilt. Der Stresslevel steigt also kontinuierlich an. Es ist sehr spannend, die Art der Kommunikation und deren Intensität im Spielverlauf zu beobachten.

Du wirst mit Sicherheit mehrere Runden spielen, bevor du mit den Mitspielern ins Debriefing gehst.

Debriefing

Folgende Fragen an die Mitspieler sind geeignet, um Erkenntnisse hervorzubringen:

- »Wie habt ihr euch während des Spiels gefühlt?«
- »Welche Herausforderungen waren zu meistern?«
- »Wie habt ihr es geschafft, diese Herausforderungen zu bewältigen?«
- »Was bedeutet das für euer Arbeitsumfeld?«
- »Welche Erkenntnisse wollt ihr in der echten Welt anwenden?«

Quelle

Zu finden in den iOS- und Android-App-Stores. Weitere Informationen zum Spiel gibt es auf der Webseite von [SPACETEAM].

Shower of Appreciation

Typ: Kommunikation, Wertschätzung

Niveau: relativ leicht

Teilnehmerzahl: mit beliebig vielen Gruppen à 3 Personen spielbar

Dauer: 10 Minuten

Learning Objectives

Die Teilnehmer lernen in diesem Spiel, wie schön es ist und wie es wirkt, wenn man selbst positives Feedback und Anerkennung erhält.

Benötigtes Material

Für jeden Teilnehmer wird ein Stuhl benötigt.

Vorbereitung

Stell einen Raum zur Verfügung, in dem die Teilnehmer ihre Stühle problemlos bewegen können. Tische und anderes Mobiliar sollten keine vorhanden sein.

Ablauf und Moderation

»Diese Übung wird in 3er-Gruppen durchgeführt. Findet euch bitte zu dritt zusammen. Ihr solltet euch gut verstehen. Idealerweise habt ihr bereits zusammengearbeitet.«

»Nehmt eure Stühle und arrangiert sie so, dass zwei Personen sich gegenübersitzen und hinter dem Rücken der dritten Person sprechen können.«

Das Stuhlarrangement sollte etwa wie in Abbildung 8-2 aussehen.

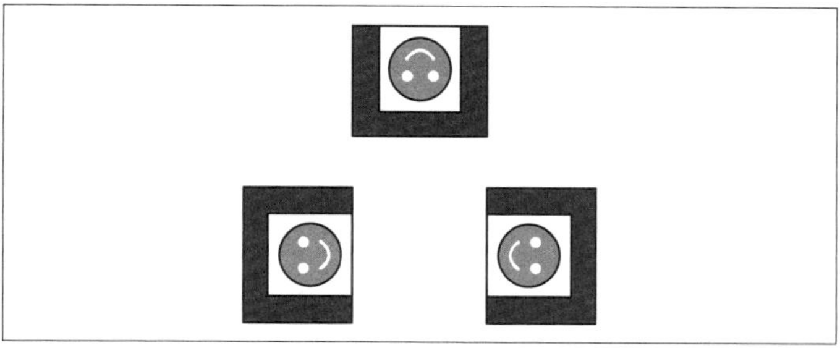

Abbildung 8-2: Aufstellung und Position der drei Teilnehmer auf ihren Stühlen

»Die beiden gegenübersitzenden Personen haben nun eine Minute Zeit, sich über die dritte Person hinter deren Rücken zu unterhalten. Dabei gelten folgende zwei Regeln:

Es dürfen nur positive Dinge gesagt werden.

Nichts, was gesagt wurde, darf durch irgendetwas, das später gesagt wird, zurückgenommen werden oder an Bedeutung verlieren.

Setzt euch nun bitte. Bereit? Los geht's!«

Stell den Timer auf eine Minute, gern auch auf zwei Minuten, wenn sich die Teilnehmer gut kennen.

Wiederhole dies noch zweimal, sodass jeder der Teilnehmer in den Gruppen einmal die Shower of Appreciation erhält.

Nachbereitung

Stühle und Mobiliar wieder in Ordnung bringen.

Stolperfallen

Dieses Spiel hat es in sich, da es auch heute noch für sehr viele Mitarbeiter in klassischen Organisationen nicht üblich ist, Anerkennung und Wertschätzung in so einer direkten Art ausgesprochen zu bekommen bzw. selbst so auszusprechen. Dies kann dazu führen, dass sich manche Teilnehmer sehr unwohl dabei fühlen und die Übung gar nicht mitmachen wollen. Respektiere dies und nimm es als wertvolle Information an für den weiteren Coaching-Prozess, der vielleicht mit diesen Teilnehmern vor dir liegt.

Es kann auch passieren, dass sich Menschen extrem schwer damit tun, überhaupt positive Dinge anderen gegenüber zu äußern. Marc hatte mal einen Teilnehmer, der vehement äußerte, dass er gar nicht weiß, was er da jetzt sagen soll. Er wiederholte stattdessen mehrfach: »Also ich kann wirklich nichts Negatives über Alex sagen.« Versuch in solchen Fällen, die Teilnehmer auf einen kleinen positiven Aspekt zu bringen. Vielleicht fällt ihnen ja doch eine Kleinigkeit ein, die ihnen in letzter Zeit positiv an dem Kollegen aufgefallen ist.

Debriefing-Tipps

Die Erfahrung ist im Regelfall so schön für den Einzelnen, dass es kein Debriefing mehr benötigt. Abschließend kannst du sagen: »Nehmt dieses gute Gefühl einfach so mit und genießt es.«

Quelle

Marc hat diese Übung zum ersten Mal auf den XP Days 2010 in Hamburg in einer Session von Deborah Hartmann-Preuß und Ralph Miarka erlebt. Die älteste Quelle ist auf einem damaligen Blogpost von Ralph zu finden [MIARKA].

Alternative Namen für dieses Spiel: »Ressourcentratsch« und »Wertschätzungsdusche«.

SIN Obelisk

Typ: Kommunikation, Führungsverhalten, Kooperation

Niveau: relativ leicht

Teilnehmerzahl: 4 bis 30 Teilnehmer

Dauer: 60 bis 90 Minuten, davon 25 Minuten zur Lösung der Aufgabe und 30 bis 60 Minuten zur Prozessanalyse

Learning Objectives

Die Teilnehmer lernen ihr eigenes Verhalten beim Umgang mit verstreuter Information im Problemlösungsprozess. Das Spiel ermöglicht die Analyse von Führungsverhalten, Kooperationsbereitschaft und Konfliktmustern bei der Problemlösung in der Gruppe.

Benötigtes Material

- Ein Satz Informationskärtchen für die Gruppe (30 Kärtchen).
- Flipchart oder Tafel mit Markern.

- Du findest die Informationskärtchen zum Download auf unserer Seite zum Buch unter *www.agilecoach.de/agile-spiele-buch*.

Folgende Informationen stehen auf den Kärtchen:

- Die elementare Zeiteinheit in Atlantis ist der Tag.
- Der atlantische Tag ist unterteilt in Quags und Yoghs.
- Die Länge des SIN-Obelisks beträgt 50 Ellen.
- Die Höhe des SIN-Obelisks beträgt 100 Ellen.
- Die Breite des SIN-Obelisks beträgt 10 Ellen.
- Der SIN-Obelisk wird aus Steinblöcken zusammengesetzt.
- Jeder Steinblock ist eine Kubikelle groß.
- Der erste Tag der atlantischen Woche heißt Aquatag.
- Der zweite Tag der atlantischen Woche heißt Neptiminus.
- Der dritte Tag der atlantischen Woche heißt Avgamatia.
- Der vierte Tag der atlantischen Woche heißt Nінildu.
- Der fünfte Tag der atlantischen Woche heißt Meltemi.
- Die Woche in Atlantis hat 5 Tage.
- 1 Arbeitstag dauert 9 Quags.
- Jeder Arbeiter hat insgesamt 16 Yoghs Pause.
- 1 Quag besteht aus 8 Yoghs.
- Jeder Arbeiter legt 150 Blöcke pro Quag.
- Während der Arbeitszeit befindet sich jeweils 1 Gruppe von 9 Leuten am Bau.
- Ein Mitglied jeder Gruppe hat rituelle Pflichten und legt keine Blöcke.
- Am Meltemi wird nicht gearbeitet.
- Ein Klaster ist ein Würfel, dessen Kanten 1 antediluvialen Yard betragen.
- 1 antediluviale Parasange hat 3½ Ellen.
- Mit welcher Seite steht der SIN nach oben?
- Der SIN besteht aus blassvioletten Blöcken.
- Blassviolett hat am Avgamatia eine besondere kultische Bedeutung.

- In jeder Gruppe arbeiten 2 Frauen.
- Die Arbeit beginnt am Aquatag bei Tagesanbruch.
- Nur 1 Gruppe arbeitet jeweils am Bau des SIN-Obelisks.
- 8 Atlantis-Chips ergeben 1 pharaonischen Dollar.
- 1 Steinblock kostet 2 pharaonische Dollar.

Vorbereitung

Drucke die Informationskärtchen aus und schneide sie aus. Mische sie gut durch.

Ablauf und Moderation

Gib folgende Anweisung an die Gruppe:

»In der alten Stadt Atlantis wurde zu Ehren der Göttin Onra ein SIN, ein massiver rechteckiger Obelisk, gebaut. Das Bauwerk wurde in weniger als zwei Wochen vollendet.

Eure Aufgabe ist es nun, herauszufinden, an welchem Tag der Obelisk fertiggestellt wurde. Ihr habt dafür 25 Minuten Zeit.

Wählt KEINEN Vorsitzenden!

Ihr werdet Kärtchen mit Informationen über die Aufgabe erhalten. Ihr könnt diese Informationen mündlich weitergeben, dürft aber eure Kärtchen nicht zeigen oder hergeben. Macht keine Notizen. (Alternativ: Macht nur Notizen auf dem Flipchart.)«

Wenn die Teilnehmer die Instruktionen gehört haben, verteilst du den gut gemischten Satz Informationskärtchen zufällig in der Gruppe, und die Teilnehmer beginnen mit der Aufgabe.

Das Team löst die Aufgabe in der Zeit oder wird nach 25 Minuten von dir unterbrochen.

Diskutiere nun mit dem Team den Lösungsprozess. Schreibe dazu gegebenenfalls die Lösung und die Erklärung der Aufgabe an die Tafel:

»Die Lösung heißt Neptiminus.«

Erklärung:

- Die Ausmaße des SIN-Obelisks ergeben, dass er aus 50.000 Kubikellen Raum besteht.
- Jeder Block hat eine Kubikelle, deshalb werden 50.000 Blöcke benötigt.
- Jeder Arbeiter arbeitet 7 Quags pro Tag (2 Quags sind Ruhepausen).
- Jeder Arbeiter legt 150 Blöcke pro Quag, das ergibt 1.050 Blöcke am Tag.
- Es arbeiten immer 8 Leute am Obelisk, diese legen 8.400 Blöcke pro Tag.
- Der 50.000. Block wird daher am 6. Arbeitstag gelegt.
- Weil am Meltemi nicht gearbeitet wird, ist der 6. Arbeitstag der Neptiminus.

Debriefing-Tipps

Stell den Teilnehmern folgende Fragen:

- »Welche Verhaltensweisen haben zur Lösung beigetragen?«
- »Welche behinderten?«
- »Wie sind Führungsfunktionen entstanden?«
- »Wer hat sich am meisten beteiligt?«
- »Wer am wenigsten?«
- »Wie habt ihr den ganzen Lösungsprozess erlebt?«
- »Was würdet ihr vorschlagen, um die Leistung der Gruppe zu verbessern?«

Insbesondere in Führungskräfteteams können hier sehr wertvolle Erkenntnisse über das eigene Kommunikations- und Kollaborationsverhalten entstehen. Achte hier besonders darauf, dass aus diesen Erkenntnissen im Nachgang echte Verhaltensänderungen hervorgehen.

Quelle

Von Marc beim Agile Coach Camp Austria von Michael Litschauer kennengelernt. Eine originäre Quelle dieses Spiels ist nicht bekannt.

KAPITEL 9

Closing

Die folgenden Aktivitäten sind vielleicht keine Spiele im eigentlichen Sinne. Wir möchten dir dennoch ein paar Ideen mitgeben, wie du einen Workshop oder ein Training abschließend so gestalten kannst, dass deine Teilnehmer mit einer erhöhten Wahrscheinlich ihre Erkenntnisse auch in Handeln umsetzen können.

Brief an mich selbst

Typ: Closing

Niveau: leicht

Teilnehmerzahl: beliebig

Dauer: 5 bis 10 Minuten

Learning Objectives

Die Teilnehmer halten für sich konkrete Maßnahmen fest, die sie zukünftig durchführen möchten.

Benötigtes Material

Zettel und Stift für jeden Teilnehmer.

Ablauf und Moderation

»Bitte nehmt euch ein paar Minuten Zeit und reflektiert darüber, was ihr hier heute erfahren, gesehen, gehört und gelernt habt. Findet heraus, welche Maßnahmen ihr euch vornehmt und welche Aktivitäten ihr durchführen möchtet. Definiert einen Zeitpunkt, bis zu dem ihr das alles gemacht haben wollt. Versetzt euch jetzt in diese Zukunft und schreibt euch von dort aus selbst einen Brief. Schreibt euch, wie gut das alles funktioniert hat, wer euch dabei geholfen hat und welche Schwierigkeiten ihr wie überwunden habt.«

Gib den Teilnehmern fünf bis acht Minuten Zeit, ihren Brief an sich selbst zu schreiben.

»Nehmt euren Brief mit. Nutzt ihn immer wieder, um euch an eure Ziele zu erinnern.«

Quelle

Nicht bekannt.

Study Buddy

Typ: Closing

Niveau: leicht

Teilnehmerzahl: beliebig

Dauer: 10 Minuten

Learning Objectives

Die Teilnehmer finden einen Partner, um sich gegenseitig an ihre Ziele zu erinnern.

Benötigtes Material

Zettel und Stifte für alle Teilnehmer.

Ablauf und Moderation

»Findet euch bitte paarweise zusammen.« (Bei ungerader Teilnehmerzahl geht auch eine Dreiergruppe.)

»Tauscht euch über eure Ziele und Maßnahmen nach diesem Workshop/Training aus. Macht euch gegebenenfalls Notizen. Vereinbart einen Termin, an dem ihr euch telefonisch, virtuell oder tatsächlich trefft und euch gegenseitig an eure Ziele und Maßnahmen erinnert.«

Gib den Gruppen fünf bis acht Minuten Zeit, um sich zu besprechen und gegebenenfalls Kontaktdaten auszutauschen.

Quelle

Nicht bekannt.

KAPITEL 10

Fun – oder auch: Late-night Closers

»Je besser man die Spielregeln kennt, umso mehr Spaß macht es, sie zu umgehen.«
– Werner Mitsch

Nach einem (oder mehreren) intensiven Trainingstagen sitzen wir abends oft noch mit den Teilnehmern bei einem Getränk zusammen. Mit der richtigen Gruppe und genügend Energie können die Spiele in dieser Kategorie einen schönen Abschluss bilden. Sie haben inhaltlich und methodisch nichts beizutragen (es sei denn, du möchtest sie entsprechend debriefen) und machen den Kopf frei für einen guten Schlaf und einen frischen neuen Tag.

Auch für Teambuilding-Maßnahmen kannst du diese Spiele gern nutzen, da sie alle einen hohen kommunikativen Aspekt mit sich bringen.

Werwölfe

Typ: gruppendynamisches Spiel zu den Themen Wahrheit, Lüge und Vertrauen

Niveau: du solltest das Spiel einige Male als Mitspieler erlebt haben, um die typischerweise auftauchenden Dynamiken einschätzen zu können

Teilnehmerzahl: mindestens 8 Spieler plus ein Geschichtenerzähler (Moderator)

Dauer: ca. 30 Minuten

Benötigtes Material

Ein Satz Werwolf-Karten [WERWOLF], käuflich zu erwerben im Spieleladen deines Vertrauens. Alternativ kannst du dir die Karten auch selbst herstellen. Ganz pragmatisch auf die Schnelle funktionieren sogar Karteikarten oder Haftnotizen, die vorsichtig so beschrieben werden, dass die Schrift von der Rückseite aus nicht lesbar ist.

Eine andere Variante ist, Kaffeetassen mit einem Whiteboard-Marker am Innenrand mit den Rollen zu beschriften.

Im Grundspiel sind folgende Karten enthalten:

- 13 Dorfbewohner: Dies sind die ganz normalen Menschen im Dorf, die einer anständigen Arbeit nachgehen und sich sonst nichts zuschulden kommen lassen.
- 4 Werwölfe: Diese tarnen sich als ganz normale Menschen, sind jedoch nachtaktiv und verfolgen andere böse Pläne, indem sie in jeder Nacht einen Spieler töten.

Sonderrollen, die allesamt Dorfbewohner sind:

- 1 Seherin: Sie kann in jeder Nacht die wahre Identität eines Spielers herausfinden.
- 1 Dieb: Er darf am Anfang des Spiels zwei weitere Karten ansehen und entscheiden, ob er eine davon als neue Rolle annehmen möchte.
- 1 Amor: Er wird nur in der ersten Nacht wach und bestimmt zwei Spieler, die fortan miteinander verkuppelt sind. Stirbt einer dieser Spieler, geht der andere sofort mit ihm von dannen.
- 1 Jäger: Stirbt der Jäger, schießt er mit seinem Gewehr auf einen weiteren Spieler, der ebenfalls das Zeitliche segnet.
- 1 Hexe: Sie wacht nachts nach den Werwölfen auf und kann mit ihrem Heiltrank das Opfer der Werwölfe retten sowie mit ihrem Gifttrank einen Spieler um die Ecke bringen.
- 1 Mädchen: Sie darf nachts heimlich blinzeln, um etwas über die Werwölfe herauszufinden.

Zusätzliche Pflichtrolle:

- 1 Hauptmann: Er ist eine Zusatzrolle, die einer der Spieler einnimmt. Seine Stimme zählt bei Gleichstand doppelt, um Gleichstand bei den Abstimmungen zu vermeiden.

Vorbereitung

Die Teilnehmer sollen so in einem Stuhlkreis sitzen, dass für dich als Spielleiter noch genügend Platz vorhanden ist, um den Kreis vollständig zu umrunden. Obacht! Keine quietschenden Schuhe anziehen.

Je nach Anzahl der Mitspieler stellst du ein Kartenset zusammen, das aus Dorfbewohnern und der entsprechenden Anzahl Werwölfen besteht. Einzelne Dorfbewohnerkarten können durch Sonderrollen ersetzt werden, um dem Spiel eine andere Dynamik zu geben. Mindestens eine Sonderrolle sollte immer vorhanden sein, je nach Erfahrung des Spielleiters und der Spieler gern auch mehr.

Wenn du mit unbefleckten Werwolfneulingen spielst, ist es für die erste Runde vorteilhaft, auf die Sonderrollen zu verzichten. Die Spieler sind bereits mit Werwölfen, Dorfbewohnern und der Spieldynamik gut gefordert.

Tabelle 10-1 enthält die Verteilung der Rollen in Abhängigkeit von der Spielerzahl.

Tabelle 10-1: Die Verteilung der einzelnen Rollen

Spieleranzahl	Werwölfe	Dorfbewohner	Sonderrollen
8	2	5	1
9	2	6	1
10	2	7	1
11	2	8	1
12	3	8	1
13	3	9	1
14	3	10	1

Tabelle 10-1: Die Verteilung der einzelnen Rollen (Fortsetzung)

Spieleranzahl	Werwölfe	Dorfbewohner	Sonderrollen
15	3	11	1
16	3	12	1
17	3	13	1
18	4	13	1

Verteile die Karten nun verdeckt an die Mitspieler. Eine beliebte Methode dafür ist es, die Karten einfach in die Mitte zu legen, und jeder Spieler nimmt sich eine.

Diese machen sich mit ihrer Rolle kurz vertraut und legen ihre Karte verdeckt unter ihrem Stuhl ab. Die Spieler wissen nun, ob sie Dorfbewohner oder Werwolf sind oder eine Sonderrolle haben.

Als Moderator weißt du zu diesem Zeitpunkt selbst noch nicht, wer welche Rolle hat. Dies wirst du jedoch in der gleich folgenden, ersten Nacht herausfinden. Merke dir gut, welche Spieler die Rolle der Werwölfe haben! Das meiste andere ergibt sich dann von selbst.

Ablauf und Moderation

Wahl des Hauptmanns

Die Rolle des Hauptmanns ist eine Zusatzrolle, die einer der Spieler parallel zu seiner anderen/geheimen Rolle öffentlich einnimmt. Bei Beginn des Spiels fragst du in die Runde: »Wer möchte sich für die Rolle des Hauptmanns bewerben?« Die Bewerber dürfen dann kurz zum Besten geben, aus welchen guten Gründen und Vorzügen sie gewählt werden sollten. Alle Spieler zeigen danach mit dem Zeigefinger auf ihre Wahl. Der Spieler mit den meisten Stimmen bekommt die Rolle zugewiesen und legt die Karte des Hauptmanns sichtbar für alle vor sich auf den Boden.

Sollte der Hauptmann während des Spiels in die ewigen Jagdgründe versetzt werden, darf er frei entscheiden, wem er diese Rolle nach seinem Ableben übergibt.

Nachtphase

Laufe langsam und gemütlich um den Kreis der Teilnehmer herum.

»Wir haben in unserem Dorf wieder einen anstrengenden Tag hinter uns gebracht und sind jetzt müde. Die Sonne geht unter, und alle Bewohner schließen ihre Augen.«

Gehe ein paar Schritte, bevor die Werwölfe erwachen: »Es ist Mitternacht, die Werwölfe wachen auf.« Lass den Werwölfen in der ersten Nacht kurz Zeit, sich mit Blicken zu finden. »Die Werwölfe suchen sich nun aus, wen sie gerne verspeisen möchten.« Mit Blicken und Zeichensprache werden sich die Werwölfe jetzt verständigen und sich auf eine Person einigen. Wenn du sicher bist, dass du die richtige Person erfasst hast, deutest du das den Werwölfen mit einem Nicken an. »Die Werwölfe schlafen wieder ein und schließen die Augen.«

Je nach der Auswahl an Sonderrollen rufst du diese nun nacheinander für ihre Aktionen auf. In der einfachen Variante wird gern nur mit der Seherin und/oder der Hexe gespielt.

»Die Seherin wird wach.« Mach eine kurze Pause. »Die Seherin deutet auf eine Person, von der sie erfahren möchte, ob sie Dorfbewohner oder Werwolf ist.« Die Seherin muss sich nun jemanden aussuchen und dir diese möglichst so still und leise anzeigen, dass sie sich nicht als Seherin verrät. Wenn du verstanden hast, welche Person sich die Seherin ausgesucht hast, deutest du pantomimisch an, ob die Person ein Dorfbewohner (schlafend mit der Wange auf den Händen) oder ein Werwolf (fiese Grimasse und Krallen zeigen) ist. »Die Seherin schläft weiter.« Die Seherin hat jetzt einen Wissensvorsprung vor den anderen Mitspielern und kann später beim Identifizieren von Werwölfen das Zünglein an der Waage sein. Sie sollte natürlich mit Bedacht vorgehen und sich den Werwölfen nicht zu früh als Seherin zu erkennen geben.

Tagphase

»Es wird langsam hell. Der Hahn kräht, und das Dorf wird wach. Alle erwachen zu einem herrlichen neuen Tag. Bis auf <Name>, der/die leider von den Werwölfen umgebracht wurde.«

Der Spieler dreht daraufhin seine Karte um, sodass alle seine Rolle sehen können, und scheidet aus der Runde aus. Tote Spieler dürfen sich nicht mehr an Diskussionen und Abstimmungen beteiligen. Es hat sich etabliert, dass sie ihren Stuhl umdrehen und sich mit der Lehne zwischen den Beinen hinsetzen.

Eine sehr spannende Variante dazu ist, die Identität des Gestorbenen nicht preiszugeben. Als Spielleiter musst du dann nachts auch alle bereits verstorbenen Sonderrollen aufrufen und so tun, als wären diese noch aktiv.

Gib der Runde nun kurz Zeit (zwei oder drei Minuten maximal), darüber zu beraten, was in der Nacht passiert ist und wer ein Werwolf sein könnte und deshalb getötet werden muss. Am Ende der Zeit stellt du genau diese Frage: »Es ist so weit, ihr müsst euch entscheiden. Alle zeigen mit dem Zeigefinger in die Mitte. Auf 3 zeigt jeder auf die Person, die getötet werden soll. 1, 2, 3.«

Jeder Spieler zählt nun die Finger, die auf ihn zeigen. Der mit den meisten Stimmen wird getötet, dreht seine Karte um und scheidet aus der Runde aus. Bei Gleichstand kommt der Hauptmann zum Einsatz, dessen Stimme doppelt zählt.

»Und so geht langsam wieder ein Tag zu Ende.« Die nächste Nachtphase beginnt.

Ende des Spiels

Das Spiel ist beendet, sobald entweder alle Dorfbewohner oder alle Werwölfe tot sind.

Nach kurzem Abfragen, wer noch eine Runde mitspielen möchte, sowie Getränkeholen und Austreten kann das nächste Spiel starten. Auf den Agile Coach Camps in Rückersbach endet diese Phase normalerweise zwischen 2 und 3 Uhr morgens.

Nachbereitung

Lass den Raum von allen Teilnehmern wieder in einen benutzbaren Zustand zurückversetzen.

Hinweise

Für eine gelungene Moderation musst du dir die offizielle Anleitung genau durchlesen. Mach dich vor allem mit den ganzen Sonderrollen vertraut, damit du genau weißt, welche Rolle wann aufgerufen wird und welche Fähigkeiten sie besitzt.

Debriefing-Tipps

Nach manchen Runden haben einige Mitspieler den Drang, über das Erlebte zu sprechen. Hier können durchaus kontroverse Diskussionen entstehen. Lass es einfach laufen, wir sind schließlich im Spaßteil dieses Buchs angekommen.

Quelle

Das Spiel gehört seit vielen Jahren zum Standardrepertoire der deutschen agilen Community. Alles Weitere findest du in der kleinen Schachtel von [WERWOLF].

Besonderen Dank möchten wir den drei Werwolf-Spielleitern Katrin Bretscher, Jasmine Zahno und Markus Wissekal aussprechen, die sich immer wieder mit größter Freude und Leidenschaft in diese Rolle hineinversetzen.

PowerPoint Karaoke

Typ: Präsentieren aus dem Stegreif, jedoch so witzig, dass wir es unter *Fun* eingruppieren wollten

Niveau: sehr leicht

Teilnehmerzahl: mindestens 4, nach oben nicht limitiert

Dauer: unbegrenzt spielbar

Learning Objectives

Bei PowerPoint Karaoke üben die Teilnehmer, ganz spontan Präsentationen zu vorher nicht bekannten Themen zu halten. Es schult die Kreativität und die Spontanität.

Benötigtes Material

- Projektor
- Laptop mit jeder Menge Präsentationen
- Stifte/Marker
- DIN-A6-Zettel (A4 zweimal halbieren)
- Schachtel
- Stoppuhr/Timer

Vorbereitung

Schließe den Laptop an den Projektor an und lege Präsentationen bereit, sodass sie schnell aufrufbar sind.

Suche dafür z.B. auf slideshare.net oder anderen Seiten nach geeigneten Präsentationen. Diese sollten mindestens sechs Slides enthalten. Grundsätzlich funktionieren Bilder besser als Text. Wenn Textfolien, dann ist viel Text oftmals besser als wenig Text. Überraschungen in einer Präsentation sind ebenfalls immer gut, z.B. Bilder, die gar nicht mehr zum roten Faden der Präsentation passen.

Markus Wissekal stellt auf der Seite pptkaraoke.club seine über Jahre gewachsene Sammlung geeigneter Präsentationen bereit [WISSEKAL].

Es kann auch sehr witzig werden, wenn du an Präsentationen herankommst, die von Teilnehmern selbst erstellt wurden. Diese sollten davon nichts wissen, damit die Überraschung (und meist auch das Gelächter) noch größer ist.

Lege für die Teilnehmer Zettel und Stifte bereit.

Ablauf und Moderation

Fordere die Teilnehmer auf, sich Zettel und Stift zu schnappen und pro Zettel ein beliebiges, witziges, absurdes oder wie auch immer geartetes Vortragsthema aufzuschreiben. Die Zettel sollen dann ein- oder zweimal gefaltet und in die bereitgestellte Schachtel geworfen werden. Einmal gut rühren, fertig.

Jetzt geht es mit dem ersten Freiwilligen los. Dieser nimmt sich einen Zettel aus der Schachtel und hat nun zwei Minuten Zeit, einen Vortrag zu dem auf dem Zettel befindlichen Thema zu halten. Während der zwei Minuten läuft eine zufällige Präsentation über den Beamer. Alle 20 Sekunden wechselt die Folie, sodass insgesamt sechs Folien pro Vortrag zu sehen sind.

Die Teilnehmer sind völlig frei in der Ausgestaltung. Ob sie das Thema direkt am Anfang nennen, es während des Vortrags bekannt geben oder erst ganz zum Schluss, ist ihnen überlassen.

Der Witz an der ganzen Sache besteht darin, das Thema des Zettels mit dem Thema der Slides zu kombinieren und in irgendeiner Form eine »stimmige« Präsentation daraus zu erzeugen. Durch diese Kombination entstehen sehr oft lustige und absurde Momente. Und es passiert regelmäßig, dass die Leute vor Lachen am Boden liegen und sich hinterher minutenlang beruhigen müssen, bevor es weitergehen kann.

Als Variante können gern auch zwei Teilnehmer gemeinsam einen Vortrag halten.

Der Kreativität und vor allem dem Humor sind in diesem Spiel keinerlei Grenzen gesetzt.

Hinweise

Diese Beschreibung entspricht der Variante von PowerPoint Karaoke, die seit vielen Jahren jedes Jahr auf dem Agile Coach Camp Germany gespielt wird.

Markus Wissekal, der dort immer wieder gern die Technik bereitstellt, gibt noch den Hinweis: »Ich nutze eine kleine Extension namens Karabiner, um die Keys meines Logitec-Klickers (der Präsentationsfernbedienung) auf die von Slideshare und die von Chrome für Vollbild zu matchen/umzuwandeln.«

Achte darauf, den Timer für die Sprecher sichtbar zu platzieren. Dies hilft erfahrenen Sprechern bei ihrem Timing – und allen anderen Teilnehmern auch.

Stolperfallen

Je nach Kultur und Teilnehmergruppe kann es unangenehm oder peinlich werden, wenn auf den Zetteln politische, anzügliche oder anderweitig nicht angebrachte Themen notiert werden. Besprich das gegebenenfalls im Vorfeld mit den Teilnehmern und weise ausdrücklich darauf hin, dass ein Vortragender bei einem Thema jederzeit passen kann.

Wir Autoren sind in jedem Fall der Meinung, dass gerade die unbequemen Themen den meisten Spaß in dieses Spiel bringen. Es wurden schon minutenlang Tränen gelacht bei Themen, die im öffentlichen Raum vielleicht tabu gewesen wären.

Debriefing-Tipps

Falls du der ganzen Übung einen ernsthafteren Anstrich geben möchtest, bekommen die Teilnehmer nach ihren Vorträgen Feedback und konstruktive Kritik aus dem Publikum. Dabei dürfen die Aspekte Aussprache, Haltung, Körpersprache usw. genannt werden. Ziel dabei ist es, dass sich die Präsentationstechniken der Teilnehmer durch die Übung konkret verbessern können.

Quelle

Präsentationen aller Art findest du auf *https://www.slideshare.net/* und ähnlichen Seiten. Besonders geeignete und erprobte Präsentationen gibt es auf *https://pptkaraoke.club/* [WISSEKAL].

Keep Talking and Nobody Explodes

Typ: sehr witziges Fun-Game

Niveau: mittel, die Gruppe spielt zwar für sich, aber die möglichen Stolperfallen müssen beachtet werden (siehe unten)

Teilnehmerzahl: 2 oder mehr

Dauer: ca. 10 Minuten pro Runde, wir empfehlen mindestens drei Runden, gern mehr

Learning Objectives

Ähnlich wie bei *Spaceteam* (siehe *Spaceteam (App)* auf Seite 152) lernen die Spieler, sich auf unbekanntem Terrain auszutauschen und zu kommunizieren. Zusätzlich gilt es hier auch, ein geeignetes Vokabular als Gruppe zu entwickeln.

Benötigtes Material

Die App *Keep Talking and Nobody Explodes*, zu finden in jedem App-Store und für andere Plattformen herunterladbar auf *https://keeptalkinggame.com/*.

Vorbereitung

Einer der Mitspieler benötigt die App auf einem Mobilgerät oder Laptop. Alle anderen Mitspieler benötigen Zugriff auf das Handbuch, entweder ausgedruckt oder digital unter *http://www.bombmanual.com/*. Das (inoffizielle) deutsche Handbuch findest du unter *https://bombmanual.github.io/german/*.

Ablauf und Moderation

Es ist keine Moderation nötig, da die App das übernimmt.

Ziel des Spiels ist es, eine Bombe kooperativ zu entschärfen. Ein Mitspieler sitzt vor der App, die die Bombe repräsentiert. Alle anderen Spieler sind sogenannte Experten, die das Handbuch der Bombe besitzen. Sie können jedoch die Bombe leider nicht sehen. Deshalb ist schnelle (und im Regelfall laute) Kommunikation untereinander ausschlaggebend für den Sieg.

Der Spieler vor der Bombe muss den Experten sagen, was er auf der Bombe gerade sieht. Die Experten müssen dann so schnell wie möglich mithilfe des Handbuchs herausfinden, was mit der Bombe gerade zu tun ist. Dazu sind diverse Puzzle, Rätsel und Aufgaben zu lösen, Informationen zu finden und Daten zu dechiffrieren.

Bevor die Zeit abläuft, sollte die Bombe entschärft sein!

Hinweise

Das Ergebnis des Spiels wird erheblich davon beeinflusst, ob die Spieler *Inspect and Adapt* anwenden. Ohne Retrospektiven zwischen den Runden besteht die Gefahr, dass das Team schlicht schon an den ersten Aufgaben dauerhaft scheitert. Die Teilnehmer müssen – insbesondere wenn ihnen das Spiel völlig neu ist – zuerst eine eigene Sprache entwickeln, um z.B. die Symbole in einigen Aufgaben überhaupt rein verbal benennen und darüber sprechen zu können. Den Symbolen und anderen Teilen der Aufgaben müssen also Namen gegeben werden, damit eine Kommunikation stattfinden kann. Hierbei entsteht einiges intuitiv verständlich. Aber es öffnet natürlich auch Tür und Tor für Missverständnisse. Das Spiel selbst ist absichtlich unter *Fun* eingruppiert, kann aber für den kundigen Beobachter als interessantes Beispiel für das Einüben eher fortgeschrittener Aspekte des Teambuildings angesehen werden.

Stolperfallen

Aus der Erfahrung von Dennis sei gesagt: Bitte achte auf homogene Teams, was die Erfahrung mit diesem Spiel angeht. In einer Zusammensetzung mit Teilnehmern, für die das Spiel komplett neu ist, und solchen, die die Puzzles quasi im Schlaf lösen könnten, liegen Probleme. Die Neulinge werden permanent abgehängt und erhalten kaum Gelegenheit, auf das Niveau der erfahrenen Spieler zu kommen. Das demotiviert sehr schnell. Hast du erfahrene Teilnehmer und

Anfänger, frage doch zum Beispiel einfach, ob die erfahrenen Spieler zufrieden damit sind, eher in einer Beobachterrolle zu bleiben.

Wegen der Geschwindigkeit und des Zeitdrucks löst dieses Spiel bei einigen Teilnehmern zunehmenden Stress aus. Als Moderator solltest du hier sehr aufmerksam sein und gegebenenfalls lieber eine Pause einlegen, wenn du merkst, dass der Stress bei Einzelnen spürbar wird.

Debriefing-Tipps

Falls du das Spiel nicht als reine Spaßveranstaltung durchführst, sind folgende Fragen an die Mitspieler geeignet, um Erkenntnisse zu gewinnen:

- »Wie habt ihr euch während des Spiels gefühlt?«
- »Welche Herausforderungen waren zu meistern?«
- »Wie habt ihr es geschafft, diese Herausforderungen zu bewältigen?«
- »Was bedeutet das für euer Arbeitsumfeld?«
- »Welche Erkenntnisse wollt ihr in der echten Welt anwenden?«

Quelle

Das Spiel ist auf so gut wie allen Plattformen verfügbar. Weitere Informationen zum Spiel gibt es auf den Webseiten von [KEEPTALKING].

Cards against Agility

Typ: spaßiges Spiel zu agilen Praktiken

Niveau: leicht

Teilnehmerzahl: 4 bis 8 Spieler

Dauer: ca. 30 Minuten

Learning Objectives

»Cards Against Agility« dient dazu, entweder das Bewusstsein bezüglich agiler Praktiken zu schärfen oder sich über agile Praktiken lustig zu machen, da die Fragen und Antworten ziemlich respektlos sein können.

Benötigtes Material

Frage- und Antwortkarten zum Ausdrucken und Ausschneiden.

Du findest den Download auf der Webseite zum Buch: *www.agilecoach.de/agile-spiele-buch*.

Vorbereitung

Drucke die 82 Frage- und die 324 Antwortkarten aus und schneide sie zurecht. Das Ganze kommt auf 17 DIN-A4-Seiten aus dem Drucker, es gibt also ganz schön was zu basteln. Wirf sie in zwei getrennte Schüsseln, Schachteln oder Hüte. Ja, du kannst sie auch einfach in zwei Stapeln auf den Tisch legen.

Teile nun für jeden Spieler zehn Antwortkarten aus.

Ablauf und Moderation

In jeder Runde zieht ein Spieler (der Fragesteller) eine Karte vom Fragestapel und legt sie offen auf den Tisch.

Die anderen Spieler antworten jeweils mit der witzigsten, absurdesten oder unverschämtesten Antwortkarte, die sie auf der Hand haben. Es gibt auch Fragen, die mit zwei oder drei Antwortkarten beantwortet werden müssen. Die Spieler müssen dann entsprechend viele Antworten auslegen.

Der Fragesteller entscheidet nun, welcher Spieler mit den besten Antwortkarten gewinnt. Ganz subjektiv, nach Lust und Laune.

Der Spieler dieser Antwortkarten erhält die Fragekarte und behält sie als Gewinn. Alle restlichen ausgespielten Antwortkarten werden zur Seite gelegt. Die anderen Spieler ziehen jeweils eine neue Antwortkarte vom Stapel. (Bei Fragekarten mit zwei oder drei Antwortkarten werden entsprechend von jedem Spieler zwei oder drei Antwortkarten nachgezogen.)

Die nächste Runde beginnt, und es werden so viele Runden gespielt, bis ein Spieler keine Antwortkarten mehr auf der Hand hat oder die gesetzte Timebox abgelaufen ist.

Der Spieler mit den meisten Fragekarten gewinnt das Spiel.

Nachbereitung

Zu Ende lachen und bei Bedarf die witzigsten oder erkenntnisreichsten Antworten austauschen.

Quelle

Das Spiel basiert auf »Cards against Humanity« [TEMKIN] und wurde in dieser Form von Silvana Wasitova, Daniel Hommel, Bruce Scharlau, Nils Bernert und Edward Dahllöf auf der Play4Agile 2017 entwickelt.

Die Originalbeschreibung in Englisch sowie die Downloads für die englischen Karten findest du unter *https://www.tastycupcakes.org/2017/02/cards-against-agility/* [WASITOVA-CAA].

Danksagung

Wir möchten Rolf Dräther unseren besonderen Dank aussprechen. Ohne seinen Trigger beim Mittagessen während der OOP 2018 in München wäre dieses Buch nie entstanden.

Eine große Hilfe waren unsere Reviewer und Inspirationsgeber Ralph Miarka, Ralf Kruse, Markus Wissekal und Andreas Schliep.

Unsere Lektorin Alexandra Follenius hat entscheidend dazu beigetragen, die Inhalte dieses Buchs lesbarer, verständlicher und strukturierter zu formulieren. Vielen Dank dafür!

Für Spiele, Content, Begegnungen, Gespräche und weitere Freude bedanken wir uns sehr gern in umgekehrt alphabetischer Reihenfolge bei:

Yulit Onkin, Werner Mitsch, Veronika Kotrba, Uwe Techt, Tommy Norman, Tom Wujec, Thorsten Kalnin, Thomas von Aquin, Sunni Brown, Stephy Gasche, Silvana Wasitowa, Sharon Bowman, Sam Kass, Rolf Katzenberger, Robert K. Greenleaf, Ralph Miarka, Ralf Kruse, Platon, Peter Janssens, Peter Alduino, Paul Schibler, Ovid, Oliver Klee, Nils Bernert, Nicole Rauch, Nico Thomaier, Nancy Kline, Michele Sliger, Michael Litschauer, Max Temkin, Mary-Lynn Manns, Marshall B. Rosenberg, Markus Wissekal, Mark Richards, Mark McKergow, Luke Hohmann, Linda Rising, Katrin Bretscher, Kane Mar, Jürgen »mentos« Hoffmann, Judith Trommer, Jordann Gross, John Zimmer, John Cleese, Joe Little, Jean Tabaka, Jasmine Zahno, James Macanufo, Ilja Preuß, Ikujiro Nonaka, Holger Bösch, Hirotaka Takeuchi, Henry Smith, Henrik Kniberg, Gitte Klitgaard, Francois Zietlow, Florian Mueck, Florian Lanz, Erich Ziegler, Elmar Schenkel, Eliyahu M. Goldratt, Edward Dahllöf, Don Reinertsen, Deborah Hartmann-Preuß, David Barnhold, Dave Gray, Daniel Hommel, Craig Larman, Bruce Scharlau,

Boris Gloger, Björn Jensen, Bernhard Skopnik, Beate Klein, Arthur Feldmann, Andreas Schliep, Andrea Tomasini, André Dhondt, Anacharsis, Alexey Krivitsky, Albert Einstein.

Marcs besonderer Dank geht an Evelyn, Henry und Theo, die einige Abende, Nächte und Wochenenden für die Fertigstellung dieses Buchs auf mich verzichtet haben.

Dennis möchte sich in erster Linie bei seiner Familie bedanken. Steffi, Angelina und Christina geben mir den Halt, um zu sein, wer ich bin. Aber auch mein Koautor darf hier nicht unerwähnt bleiben. Danke, Marc, du verrückter Hund.

Nachwort von Marc an Dennis: »Selber!«

Quellen und Literatur

»Im Spiel verraten wir, wes Geistes Kind wir sind.«
Ovid (43 v. Chr.–17 n. Chr.)

[AGILE42-BV] Andrea Tomasini, »Business Value Game«. *https://www.agile42.com/en/business-value-game/*. 2007.

[AGILE42-KP] Ralf Kruse, »Kanban Pizza Game«. *https://www.agile42.com/en/training/kanban-pizza-game/*. 2012.

[ALDUINO] Peter Alduino, »Snowball Toss«. *http://www.leadershipchallenge.com/resource/snowball-toss.aspx*. 2004.

[BARNHOLD] David Barnhold, »An exercise based on my PSL experience: The power of open-ended requirements«. *https://blog.crisp.se/2009/02/18/davidbarnholdt/1234986060000*. 2009.

[BIGBANG] TV-Serie »The Big Bang Theory«, Folge S02 E08 (»The Lizard Spock Expansion«, Staffel 2, Folge 8).

[BOWMAN] Sharon Bowman, »Training from the Back of the Room!: 65 Ways to Step Aside and Let Them Learn«. Pfeiffer. 2008.

[BÖSCH-SKOPNIK] Holger Bösch, Bernhard Skopnik, »Black Stories«. *http://black-stories.de/*

[DHONDT] André Dhondt, »Lean Startup Snowflakes«. *https://tastycupcakes.org/2012/05/lean-startup-snowflakes/*. 2012.

[GLOGER] Boris Gloger, »Ball Point Game: A game to feel what Scrum is«. *http://web.archive.org/web/20160410144948/https://kanemar.files.wordpress.com/2008/03/theballpointgame.pdf*. 2008.

[GOLDRATT] Eliyahu M. Goldratt, Jeff Cox, »Das Ziel: Ein Roman über Prozessoptimierung«. Campus Verlag. 2001.

[GRAY] Dave Gray, Sunni Brown, James Macanufo, »Gamestorming: A Playbook for Innovators, Rulebreakers, and Changemakers«. O'Reilly and Associates. 2010.

[GREENLEAF] Robert K. Greenleaf, »Servant Leadership: A Journey into the Nature of Legitimate Power and Greatness«. Paulist Press. 1977.

[HAPPYSALMON] NorthStarGames, »Happy Salmon«. *http://www.happysalmongame.com/*.

[HARTMANN-PREUSS] Deborah Hartmann-Preuss, Ilja Preuss, »Fearless Journey«. *https://fearlessjourney.info/*. 2011.

[HOHMANN] Luke Hohmann, »Innovation Games: Creating Breakthrough Products Through Collaborative Play: Creating Breakthrough Products and Services«. Addison-Wesley. 2006.

[KASS] Sam Kass, *http://www.samkass.com/theories/RPSSL.html*.

[KEEPTALKING] Steel Crate Games, »Keep Talking and Nobody Explodes«, *https://keeptalkinggame.com/*, sowie das »Bomb Defusal Manual«, *http://www.bombmanual.com/*. 2014.

[KLEE] Oliver Klee, *http://www.spielereader.org/*.

[KLINE] Nancy Kline, »Time to think: Zehn einfache Regeln für eigenständiges Denken und gelungene Kommunikation«. Rowohlt Taschenbuch. 2016.

[KNIBERG] Henrik Kniberg, »Multitasking Name Game or How Long Does it Take to Write a Name?«. *http://www.crisp.se/henrik.kniberg/multitasking-name-game*.

[KOTRBA, MIARKA] Veronika Kotrba, Ralph Miarka, »Agile Teams lösungsfokussiert coachen«. dpunkt.verlag GmbH. 2015.

[KRUSE] Ralf Kruse, »What makes a good Agile game?«. *https://www.agile42.com/en/blog/2015/03/03/what-makes-good-agile-game/*. 2015.

[MANNS, RISING] Mary Lynn Manns, Linda Rising, »Fearless Change: Patterns for Introducing New Ideas«. Addison-Wesley. 2005.

[MAR] Kane Mar, »Scrum Trainers Gathering (2/4): The Ball Point Game«. *http://web.archive.org/web/20080627142005/http://kanemar.com/2008/04/07/scrum-trainers-gathering-24-the-ball-point-game/*. 2008.

[MCKERGOW] M. McKergow. Brillante Momente. In: Solution Tools – Die 60 besten, sofort einsetzbaren Workshop-Interventionen mit dem Solution Focus. Herausgegeben von P. Röhrig. 3. Auflage. S. 43–49. managerSeminare Verlags GmbH, Bonn. 2011.

[MIARKA] Ralph Miarka, »Shower of Appreciation – or, talking behind ones back«. 2010. *https://web.archive.org/web/20120812044653/http://www.miarka.com/de/2010/11/shower-of-appreciation-or-talking-behind-ones-back/*.

[MUECK-ZIMMER] Florian Mueck, John Zimmer, »Rhetoric–The Public Speaking Game«. *http://rhetoricgame.com/*. 2011.

[NORMAN] Tommy Norman, »Comfortably Scrum: Scrum Penny Game«. 2008. *http://tommynorman.blogspot.com/2008/11/comfortably-scrum-scrum-penny-game.html*.

[ONKIN] Yulit Onkin, »This Is How Chinese Whispers Work«. *https://www.youtube.com/watch?v=ilZuT7Gy0Qw*.

[REINERTSEN] Don Reinertsen, »The Principles of Product Development Flow: Second Generation Lean Product Development«. Celeritas Pub. 2009.

[RICHARDS] Mark Richards, »SAFe City Module 1 – The EPIC Portfolio«. *http://coactivation.com/safecity/*

[ROSENBERG] Marshall B. Rosenberg, »Gewaltfreie Kommunikation – Eine Sprache des Lebens«, 9. Auflage. Junfermann Verlag, Paderborn. 2010.

[SLIGER] Michele Sliger, »Sixty Steps in the Right Direction«. 2007. *https://www.agileconnection.com/article/sixty-steps-right-direction*.

[SPACETEAM] Henry Smith, »Spaceteam«. *https://spaceteam.ca/*.

[TAKEUCHI-NONAKA] Hirotaka Takeuchi, Ikujiro Nonaka, »The New New Product Development Game«. Harward Business Review, Ausgabe Januar 1986. *https://hbr.org/1986/01/the-new-new-product-development-game*.

[TECHT] Uwe Techt, »Goldratt und die Theory of Constraints: Der Quantensprung im Management«. TOC Institute, Editions La Colombe, Moers. 2006.

[TEMKIN] Max Temkin, »Cards Against Humanity«. *https://cardsagainsthumanity.com/*.

[WASITOVA-CAA] Silvana Wasitova, Daniel Hommel, Bruce Scharlau, Nils Bernert, Edward Dahllöf, »Cards Against Agility«. *https://www.tastycupcakes.org/2017/02/cards-against-agility/*.

[WASITOVA-EWAN] Silvana Wasitova, Thorsten Kalnin, Deborah Hartmann-Preuß, »E.W.A.N. McGregor«. *https://tastycupcakes.org/2013/04/e-w-a-n-mcgregor/*. 2013.

[WERWOLF] »Die Werwölfe von Düsterwald«. Verlag Lui-même. 2002.

[WISSEKAL] Markus Wissekal, »PowerPoint Karaoke Club«, *https://pptkaraoke.club/*

[WUJEC-DT] Tom Wujec, »Draw how to make toast«. *https://www.drawtoast.com/*.

[WUJEC-MC] Tom Wujec, »Build a tower, build a team«. *https://www.ted.com/talks/tom_wujec_build_a_tower*. 2010.

[ZIEGLER] Erich Ziegler, »Das australische Schwebholz und 199 andere Spiele für Trainer und Seminarleiter«. GABAL Verlag. 2006.

Index der Spiele

Über die Autoren

Marc Bleß

Marc ist der Gründer von agilecoach.de. Er hat über 20 Jahre Erfahrung als agiler Coach, Scrum Master, Softwareentwickler, Führungskraft, Querdenker und Hinterfrager.

Seine Leidenschaft ist die schnelle und nachhaltige Verbesserung von Teams und Organisationen. Er glaubt an Qualität als Erfolgsfaktor und ist fest davon überzeugt, dass Qualität nicht verhandelbar ist.

Als Coach, Berater und Trainer für agile Softwareentwicklung hilft er Unternehmen bei der Einführung agiler Entwicklungsmethoden und bei der Umsetzung agiler Werte, Prinzipien und Praktiken.

Neben der Anwendung agiler Methoden im regulierten Umfeld (Medizintechnik) konnte er viel Erfahrung in anderen Branchen aufbauen. Er begleitet Unternehmen auf allen Ebenen – vom Top-Level-Management bis zu einzelnen Teams findet er die richtigen Worte, um agile Veränderungsprozesse verständlich zu vermitteln.

Marc ist ausgebildeter Solution-Focused Coach sowie Certified Enterprise Coach (CEC) und Certified Team Coach (CTC) der Scrum Alliance.

Als aktives Mitglied der agilen Community spricht er regelmäßig auf internationalen Konferenzen zu agilen Themen. Er hat Allgemeine Informatik studiert und ist Certified Scrum Professional (CSP), Certified Scrum Master (CSP-SM), Certified Scrum Product Owner (CSP-PO) und zertifizierter Project Manager (IPMA).

Marc ist unter *marc.bless@agilecoach.de* erreichbar.

Dennis Wagner

Dennis hat sich, seit er mit 17 sein erstes eigenes Softwareprodukt verkauft hat, der Entwicklung verschrieben. In so unterschiedlichen Rollen wie Architekt, Team Lead, Entwickler oder Product Manager beleuchtet er seit vielen Jahren erfolgreich Wege, wie man Software besser entwickeln kann und soll.

Vielleicht das wichtigste Element in der umfangreichen Erfahrung ist dabei, dass Dennis tatsächlich echte Vorteile durch Agilität erleben konnte. Die Vervielfachung des Ergebnisses eines Teams ist eine wirklich großartige Errungenschaft. Daran zu arbeiten, dies für alle Teams, Abteilungen und Firmen zu ermöglichen, mit denen er arbeitet, ist der Antrieb hinter allem.

Offen, extrovertiert und Agilist im Herzen, seit er Mitte der 2000er zum ersten Mal mit XP und Scrum in Berührung kam, lautet sein Motto: »Bunt ist das Dasein und granatenstark!«

Neben der Tätigkeit bei Firmen engagiert er sich auch bei nationalen und internationalen Konferenzen durch deren Organisation, Mitarbeit in Programmkomitees, das Halten von Vorträgen und durch Reviews. Darüber hinaus engagiert er sich aktiv in der agilen Community im Allgemeinen, in der Scrum Alliance sowie in deren deutschsprachigem Chapter, der Kanban Community, rund um die Kanban University sowie im Scaled Agile Framework. Er hält mehrere Zertifikate von all diesen Organisationen (unter anderem CSP-SM, CSP-PO, CSD, KMP und SPC), kann aber daneben auch sehr viele echte Erfahrungen in diesen Bereichen vorweisen.

Heute hilft er Teams, Führungskräften, dem strategischen Management und Organisationen als Ende-zu-Ende-Coach dabei, ihr volles Potenzial zu entdecken und zu entwickeln. Dabei spielen aktuelle Themen wie #NoEstimates, Beyond Budgeting, Enterprise Services Planning und Mob-Programming genauso eine Rolle wie die Klassiker Scrum, Kanban und Clean Code.

Dennis ist unter *dennis.wagner@dwcg-consulting.de* erreichbar.